Das Ausdrucksverhalten des Javaneraffen *Macaca fascicularis* Raffles 1821

Eine Einführung

Von

Walter Angst
Zoologische Anstalt der Universität Basel

Mit 16 Abbildungen, 4 Figuren und 4 Schemata

1974

PAUL PAREY IN BERLIN UND HAMBURG

Fortschritte der Verhaltensforschung · Heft 15

Advances in Ethology

Zugleich Beiheft 15 zur Zeitschrift für Tierpsychologie

Supplement 15 to Journal of Comparative Ethology

Herausgegeben von Priv.-Doz. Dr. W. WICKLER, Seewiesen (Obb).

Umschlaggestaltung: JOCHEN GOKS, Berlin

 Anschriften: 1 Berlin 61, Lindenstraße 44—47; 2 Hamburg 1, Spitalerstraße 12. Printed in Germany by Saladruck, 1 Berlin 36. Buchbinderei: Dieter Mikolai, 1 Berlin 61

ISBN 3 489 62536 6 / ASTM-Coden: AEHYAZ

Vorwort

Die wichtigste Voraussetzung zum Funktionieren einer sozialen Organisation ist die Verständigung, die Kommunikation. Die Komplexität der Kommunikation ist abhängig von der Komplexität der sozialen Struktur.

Die Javaneraffen leben in Gruppen von 15 bis 85 Individuen beider Geschlechter und aller Altersklassen. Ihre Sozialorganisation basiert auf dem persönlichen Kennen aller Mitglieder untereinander und ist sehr differenziert. So wundert es nicht, daß auch das Kommunikations-System dieser Art sehr komplex ist.

Die vorliegende Arbeit versucht nun, einen Überblick zu geben über einen wesentlichen Teil des Kommunikations-Systems, nämlich über die Verhaltensweisen, die speziell auf eine kommunikative Wirkung hin entwickelt oder sonstwie der Kommunikation dienstbar gemacht worden sind. Solche Verhaltensweisen werden zusammengefaßt unter dem Begriff „Ausdrucksverhalten".

Seit der ersten Niederschrift dieser Arbeit im Jahre 1967 hatte ich Gelegenheit, die Javaneraffen im Freileben zu beobachten. Dabei ließen sich, soweit es die Beobachtungsbedingungen erlaubten, die hier gemachten Aussagen qualitativ bestätigen.

Basel, im Oktober 1973

WALTER ANGST

Inhalt

OBJEKT UND BEOBACHTUNG

Das Hauptobjekt vorliegender Studie bildet eine Gruppe von Javaneraffen (*Macaca fascicularis* Raffles 1821 oder *M. irus* Cuvier 1818) im Zoologischen Garten Basel. Die Art lebt in einem großen Verbreitungsgebiet, nämlich von Hinterindien über den größten Teil von Indonesien bis zu den Philippinen. Die Herkunft der Basler Tiere ist nicht bekannt. Wie die Individuen freilebender Populationen unterscheiden sich auch die Basler Tiere hinsichtlich Größe, Fellfarbe, Gesichtsbehaarung usw. Anderseits gleichen Geschwister einander meist deutlich. Die auffälligen Unterschiede der Individuen erleichtern deren Identifizierung.

Seit 1944 werden Javaneraffen im Basler Zoo gehalten. Seit 1949, als zum letzten Mal neue Tiere hinzugekauft wurden, vermehrt sich der Bestand durch Fortpflanzung. Am 1. Januar 1962 lebten 58 Individuen in der Anlage, am 1. August 1967 77 Individuen. Außerdem hatte man in der Zwischenzeit 18 Affen an andere Institutionen abgegeben. Es wurde nichts unternommen, um die Tiere zu zähmen. Sie sind weder völlig zahm noch scheu. Nebst einem heizbaren Innenraum und einem überdeckten, geräumigen Verbindungsgang steht ihnen eine große Freianlage mit Kunstfelsen, zwei Bäumen und einem Bassin zur Verfügung. Ihr Sozialverhalten entspricht nach FURUYA (1965), SCHENKEL und CHIANG (pers. Mitt.) weitgehend demjenigen freilebender Tiere.

Ich begann 1958 in der Freizeit die Affen in ihrem Sozialleben zu beobachten. Ab 1961 machte ich Notizen, allerdings jeweils erst zu Hause. Vom Sommer 1962 an konnte ich alle Individuen unterscheiden. Mit der vorliegenden Arbeit begann ich im Frühjahr 1965, wobei ich nun meine Untersuchung auf das Ausdrucksverhalten konzentrierte. Diese Phase umfaßte bis zum 1. 5. 1967 460 Beobachtungsstunden. Ich notierte laufend an Ort und Stelle. Als Hilfsmittel der Beobachtung und Dokumentation dienten Feldstecher, Fotoapparat mit Teleobjektiv, Tonbandgerät und Filmkamera.

Ab 1965 bot sich Gelegenheit, zwei weitere Gruppen von Javaneraffen zu beobachten. Im Knie-Kinderzoo in Rapperswil wurden damals 11 Ind. gehalten, die aus der Basler Gruppe stammten. Noch im selben Jahr kamen drei weitere Tiere aus Basel dazu. Im Winter 1965/66 bezog ich die Gruppe im Zoologischen Garten Mühlhausen in die Untersuchung ein. Dort vermehrte sich der Bestand bis zum 10. 9. 1967 von 32 auf 37 Ind.

GRUNDSÄTZLICHES ZUM AUSDRUCKSVERHALTEN

Als Ausgangspunkt zur Diskussion des Begriffes „Ausdrucksverhalten“ gelte die Definition des allgemeineren Begriffs „Ausdruck“ von SCHENKEL (1947): „Ich bezeichne als Ausdruck die Funktion von Strukturen, deren ‚biologischer Sinn‘ es ist, durch Stimmungsbeeinflussung bzw. Reaktionsauslösung an der Steuerung des Zusammenlebens mitzuwirken.“ EIBL-EIBESFELDT (1956, 1957) unterscheidet dabei, z. T. nach SCHENKEL und LORENZ, „undifferenzierte Ausdrucksformen“ vom „eigens für den sozialen oder zwischenartlichen Verkehr differenzierten Ausdrucksverhalten“. Letzteres unterteilt EIBL-EIBESFELDT weiter in „vegetatives Ausdrucksverhalten“ und „Ausdrucksbewegungen“.

Die vorliegende Arbeit befaßt sich im wesentlichen nur mit den „Ausdrucksbewegungen“. Sprachlicher Korrektheit wegen wird im folgenden nur dieser Bereich als „Ausdrucksverhalten“ (s. str.) bezeichnet. Dazu gehören selbstverständlich auch Vokalisationen. „Vegetative“ Ausdruckskomponenten werden nur soweit berücksichtigt, als dies zur Interpretation einzelner Ausdrucksformen dienlich ist.

Wie DARWIN (1872) schon gezeigt hat, stammt das differenzierte Ausdrucksverhalten phylogenetisch weitgehend aus dem Gebrauchsverhalten. Eine solche entwicklungsgeschichtliche Wandlung umfaßt mannigfaltige Prozesse, die im folgenden kurz angedeutet werden sollen.

Formale Umwandlungen (in Anlehnung an SCHENKEL, 1947, 1954):

1. Die Ablaufsgestalt wird im Sinne größerer Auffälligkeit und Unverwechselbarkeit verändert. Vor allem kommt „übertriebener“ dynamischer Betonung und statischem „Einfrieren“ einzelner Phasen in dieser Hinsicht Bedeutung zu. Meist werden diese Abläufe noch durch zusätzliche, plakathafte „Ausstattung“ in ihrer Ausdrucksfunktion verstärkt. Insbesondere geschieht dies durch die Ausbildung besonderer Strukturen und mit ihnen korrelierter „Demonstrationsbewegungen“ (TINBERGEN, 1952). In gewissen Fällen wird solche Demonstration von Strukturen geradezu zum hauptsächlichen Funktionsträger, und der ursprünglichen Handlung kommt nur noch untergeordnete Bedeutung zu. Alle bisher erwähnten Änderungen seien als Ritualisierungen bezeichnet.

2. Statt des ursprünglichen Gesamtablaufs werden nur noch bestimmte Phasen durchgespielt. Besonders häufig ist die Beschränkung auf Einleitungsphasen, sogenannte „Intentionsbewegungen“ (TINBERGEN, 1952). Die Beschränkung kann aber auch darin bestehen, daß die ursprüngliche Objektbeziehung wegfällt, die Handlung also gleichsam „leer“ ausgeführt wird. In beiden Fällen kann von „Symbolisierung“ der betreffenden Verhaltensweisen gesprochen werden.

Mit den formalen Umwandlungen sind Änderungen in der Zuordnung zum Motivationsgeschehen verbunden. Vor allem aber wird auch die Funktion im einleitend erwähnten Sinne differenziert.

Hinsichtlich der aktuellen Wirkung des Ausdrucksverhaltens gibt es große Unterschiede je nach „Organisationsniveau“ der Tierart. Nach der Konzeption von LORENZ (1951) beruht die innerartliche Kommunikation im wesentlichen auf angeborenen Formen des Ausdrucks und damit korrelierten, ebenfalls angeborenen Auslösemechanismen, welche eine adäquate Reaktion beim Sozialpartner gewährleisten. Bei höheren Wirbeltieren, insbesondere bei Affen, ist die erbliche Disposition viel offener als z. B. bei Fischen. Vor allem sind die aus individuellen Erfahrungen resultierenden, persönlichen Beziehungen von grundlegender Bedeutung sowohl für die Wirkung, als auch für die Auslösung des Ausdrucksverhaltens. Auf besondere Möglichkeiten der Einwirkung der Erfahrung auf das Ausdrucksverhalten wird im Kapitel „Soziale Taktik ..." näher eingegangen.

Von der Verschiedenartigkeit des Ausdrucks im aktuellen Fall muß auf verschiedene Qualität und Quantität der Erregung, d. h. auf verschiedene Motivationen (im Sinne von TINBERGEN, 1952, und HINDE, 1966) geschlossen werden. Am Zustandekommen der Erregung sind innere und äußere Faktoren beteiligt, wobei wiederum die sozialen Beziehungen mitbestimmend wirken.

DIE PERSÖNLICHE BEZIEHUNG

Das Sozialverhalten des Javaneraffen (und vermutlich aller höheren Primaten) wird in weitem Ausmaß durch „persönliche Beziehungen" bestimmt. Nach spätestens acht Lebensmonaten kennt jeder Affe in der Gruppe jeden anderen persönlich, d. h. seine Verhaltensdisposition ist gegenüber jedem Sozialpartner durch besondere Eigenschaften charakterisiert. Diese resultieren aus allen bisherigen Kontakten und Wahrnehmungen. Sie entwickeln sich weiter während des ganzen individuellen Lebens, und dieses kann sich über mehr als dreißig Jahre erstrecken (SPIEGEL, 1954). Die verschiedenen persönlichen Beziehungen, die ein Ind. unterhält, beeinflussen einander auch gegenseitig. Die soziale Struktur einer Gruppe ist mit dem gesamten Netz der persönlichen Beziehungen identisch. Im folgenden seien wichtige Dimensionen der persönlichen Beziehung kurz besprochen.

1. Mutter-Kind-Beziehung

Die frühe Mutter-Kind-Beziehung ist äußerst eng. Die ersten Lebenstage verbringt ein Junges normalerweise ausschließlich in Körperkontakt mit seiner Mutter. Dann beginnt es vom Mutterkörper aus die Umwelt kennen zu lernen. Die Mutter überwacht dabei das Junge anfänglich stets und setzt dessen Exkursionen und Kontakten durch ihr Eingreifen Grenzen. Mehrere Monate darf das Junge jederzeit zur Mutter und nach Belieben saugen. Dann beginnt sie es immer häufiger und unnachgiebiger abzuweisen. Bei Gefahr trägt sie es aber noch lange am Bauch. Nach etwa einem Jahr bringt die Äffin in der Regel das nächste Junge zur Welt. Spätestens in diesem Zeitpunkt wird die Bindung zum vorherigen Jungen entscheidend gelockert. Doch bleibt die Beziehung zwischen Mutter und Tochter für das ganze Leben enger als jede andere Dauerbeziehung. Vor allem ergreift die Mutter regelmäßig die Partei ihrer Töchter in deren Auseinandersetzungen mit Außenstehenden. Auch treten positiv-soziale Kontakte zwischen Mutter und Tochter besonders häufig auf. Die Beziehung Mutter-Sohn ist anfänglich gleich wie diejenige zwischen Mutter und Tochter. Spätestens mit der Geschlechtsreife aber lösen sich die ♂♂ mehr von ihren Müttern, als es die ♀♀ tun. Dennoch bleibt auch beim ♂ eine deutlich positive Beziehung zur Mutter erhalten und umgekehrt.

Wie die Untersuchungen vor allem von HARLOW und HARLOW (1962) gezeigt haben, ist die frühe Beziehung zwischen Mutter und Kind nicht nur die Grundlage für ihre spätere Verbundenheit, sondern auch Voraussetzung zur Entwicklung der sozialen und sexuellen Kontaktfähigkeit des Jungen überhaupt.

2. Vertrautheit und Exklusivität als Pole der sozialen Beziehung

Die Möglichkeiten sozialer Beziehungen reichen von engster Verbundenheit über viele Zwischenstufen bis zu intensiver Intoleranz und Feindschaft. Auf der positiven Seite bildet die Verbundenheit von Mutter und Kind den Extremfall. Immer noch betont positiv sind die Beziehungen unter den übrigen matrilinear nah verwandten Ind. (die Blutsverwandtschaft über den Vater ist in dieser Hinsicht bedeutungslos). In seltenen Fällen wurde auch beobachtet, daß ein von der Mutter nicht mehr betreutes, etwa einjähriges Junges und ein fremdes ♀ ohne Kind sich zusammenschlossen. Es könnten sich auch aus „Spielfreundschaften" nicht näher verwandter Jungtiere länger dauernde positive Beziehungen entwickeln. Diese sind aber nie so dauerhaft wie die verwandtschaftlich bedingten. Das negative Extrem bildet die Beziehung, wie sie zwischen gruppenzentralen ♂♂ und Einzelgängern bestehen kann. Daneben gibt es kurzfristige, zum Teil recht heftige Rivalitäten. Es kann auch vorkommen, daß ein rangtiefes Ind. so häufig zur Endstation gruppeninterner Aggression wird, daß es sozial weitgehend ausgeschlossen erscheint. In der Basler Gruppe sind betont positive Beziehungen viel häufiger als negative.

3. Rangbeziehungen

Hier soll der ganze Erscheinungskomplex der Rangbeziehungen nicht von Grund auf, sondern nur soweit behandelt werden, als es für das Verständnis des Ausdrucksverhaltens unerläßlich ist.

Genau wie es vom Japanischen Rotgesichtmakaken *(Macaca fuscata)* beschrieben ist, existieren auch beim Javaneraffen zwei Arten von Rangbeziehungen nebeneinander. KAWAI (1958) unterscheidet „basic dominance rank" und „dependent dominance rank". Das basale Rangverhältnis tritt in der reinen Zweierbeziehung in Erscheinung, d. h. wenn keinerlei Einflüsse weiterer Ind. wirksam werden. Das abhängige Rangverhältnis dagegen ergibt sich durch die Einwirkung weiterer Ind. auf die Zweierbeziehung. Auf Grund ständiger Protektion durch ein ranghohes Ind. kann ein basal inferiores gegenüber einem basal dominanten in den meisten Situationen dominieren. So protegiert in der Basler Gruppe z. B. Alpha (das ranghöchste ♂) die meisten ♀♀ gegen zwei andere adulte ♂♂, so daß die letzteren effektiv den ♀♀ unterlegen sind und fast jederzeit von diesen vertrieben werden können. Im Geäst der Bäume aber und bei Abwesenheit Alphas dominieren die ♂♂ gemäß der basalen Rangbeziehung. In vielen Fällen beeinflußt dauernde Protektion mit der Zeit die basale Rangbeziehung. Die dauernd durch den Protektor unterdrückten Artgenossen anerkennen schließlich die Dominanz des Protegierten. Das gilt vor allem unter ♀♀ und hat zur Folge, daß Töchter einer dominanten Mutter meist bald von allen ♀♀, welche dieser Mutter unterlegen sind, auch als dominant anerkannt werden. Für die Rangbeziehungen unter ♂♂ ist mütterliche Protektion auch von Bedeutung, aber nicht entscheidend. Ebenso wichtig sind hier Altersverhältnisse, Beziehungen zu Alpha und temporäre Allianzen untereinander.

Folgende Rangbeziehungen sind vergleichsweise stabil und unterscheiden sich in der basalen und abhängigen Form nicht: 1. Unter adulten ♀♀ — hier herrscht eine lineare Rangordnung. 2. Zwischen adulten ♀♀ und den Töchtern von Müttern, die den ersteren unterlegen sind. 3. Zwischen Alpha und den übrigen Gruppenmitgliedern. Folgende Rangbeziehungen sind relativ unstabil und differieren oft in der basalen und abhängigen Form: 1. Unter Jungtieren. 2. Zwischen jungen ♀♀ und adulten, der protegierenden Mutter inferioren ♀♀. Zwischen jungen ♂♂ und adulten ♀♀. 4. Unter adulten, rangtiefen ♂♂.

Im Hauptteil dieser Arbeit ist jeweils unter dominant und inferior stets die basale Beziehung gemeint.

4. Sexuelle Beziehungen

In den Beziehungen zwischen adulten ♂♂ und ♀♀ ist generell eine sexuelle Komponente feststellbar. Auf der anderen Seite hat sämtliches Sexualverhalten auch allgemein soziale Bedeutung. Es hilft mit, positive Beziehungen zu unterhalten, und, vor allem beim ♂, ist es auch Ausdruck sozialer Initiative und von Dominanz. Bei Alpha geht das so weit, daß er in seinem Gesichtsfeld keine anderen adulten ♂♂ sich paaren läßt. Ist ein ♀ brünftig, so überwacht und begleitet er es meist unablässig. Sowohl brünftige als auch nichtbrünftige ♀♀ sind aber auch zu Paarungen mit anderen ♂♂ bereit. Da nun Alpha nicht gleichzeitig mehrere brünftige ♀♀ und auch nicht die ganze Anlage überwachen kann, kommen inferiore ♂♂ doch öfters zur Paarung — relativ häufig mit nichtbrünftigen, seltener mit brünftigen ♀♀. Diese ♂♂ sind aber nicht imstande, in derselben Weise wie Alpha eine Paarbeziehung über mehrere Tage als Privileg durchzusetzen. Unterhält Alpha eine Paarbeziehung mit einer brünftigen Äffin, so genießt diese seinen vollen Schutz, und darüberhinaus unterstützt er sie oft in ihren Aggressionen.

ZIELE UND METHODEN

a) Erstes Ziel der vorliegenden Arbeit ist die Inventarisierung des innerartlichen Ausdrucksverhaltens der Javaneraffen. Die Differenzierungen des Ausdrucks wurden vorwiegend qualitativ aufgenommen. Quantitative Methoden fanden vorläufig nur in Einzelfällen Anwendung. Die Art der Darstellung soll die Möglichkeit bieten, die Ausdrucksformen des Javaneraffen mit denjenigen verwandter Affen zu vergleichen.

Einzelne Angaben über das Ausdrucksverhalten der Art finden sich in den Arbeiten von SPIEGEL (1954), SCHLOETH (1956—57), GOUSTARD (1961), ANDREW (1963), FURUYA (1965), FADY und WILL (1966), WICKLER (1967) und THOMPSON (1969). Klangspektrographische Untersuchungen der Vokalisationen publizierte GOUSTARD (1963), und VAN HOOFF (1967) berücksichtigt bei seiner neuen Zusammenstellung der mimischen Ausdrucksformen der Catarrhinen auch den Javaneraffen. Doch keine dieser Arbeiten enthält eine Inventarisierung des gesamten Ausdrucksverhaltens der Art, wie sie hier unternommen wird[1]).

Das Ausdrucksverhalten tritt in sozialen Szenen zutage. Die Ausdrucksabläufe, die beim einzelnen beteiligten Ind. zu beobachten sind, lassen sich in relativ formkonstante „Blöcke" unterteilen, die immer wieder als solche auftreten. Diese „Blöcke" bezeichne ich als „Ausdrucksleistungen" und beschreibe sie je gesondert. Manche Formen sind aber weniger konstant, und zudem gibt es zwischen vielen von ihnen fließende Übergänge. Es ist nun naheliegend, dieselben Merkmale, welche die relativ formkonstanten „Blöcke" kennzeichnen, als Grundlage zur Einteilung auch der übrigen Ausdrucksformen zu verwenden. Somit erfolgt die Gliederung generell auf Grund von qualitativen Unterschieden in Mimik, Gestik und Vokalisation. Die solchermaßen abgegrenzten Ausdrucksleistungen werden innerhalb von Motivations-Kategorien (siehe nächsten Abschnitt) nach Graden der Komplexität angeordnet, das heißt in Reihen von zunehmendem ausdrucksmäßigem Aufwand.

Auch eine komplexe Ausdrucksleistung ist oft nur ein Teil des Gesamtverhaltens. So kann z. B. Schmatzen zusammen mit allen möglichen Körperstellungen und -bewegungen auftreten. Doch solche nicht-ausdruckshaften Verhaltenskomponenten werde ich nur soweit berücksichtigen, als sie zum Verständnis einer bestimmten Ausdrucksform von Bedeutung sind.

Diese Art der Darstellung entspricht weitgehend derjenigen früherer Arbeiten (z. B. VAN HOFF, 1967; KAUFMAN und ROSENBLUM, 1966; REYNOLDS, 1965, ROWELL und HINDE, 1962).

Die einzelnen Ausdrucksleistungen lassen sich durch Komponenten charakterisieren. Diese bezeichne ich nach KUMMER (1957) als „Elemente".

Wenn im Gesamtverhalten regelmäßig ein Ausdruckselement allein zu beobachten ist, so bezeichne ich es, auf Grund der obenerwähnten Prinzipien, in diesen Fällen als eigene Ausdrucksleistung.

---

[1]) Erst kürzlich erhielt ich die unveröffentlichte Dissertation von SHIREK-ELLEFSON über das visuelle Ausdrucksverhalten des Javaneraffen. Von neun beschriebenen Formen entsprechen fünf genau fünf Ausdrucksleistungen im vorliegenden Katalog. Drei andere betreffen mimische Formen, welche hier je als eine zusätzliche Leistung aufgeführt werden, wenn sie von einer Vokalisation begleitet sind. Die neunte Form umfaßt zwei hier getrennte Imponierformen.

Alle Angaben, wenn nicht anders vermerkt, beziehen sich nur auf adulte Tiere.

Die Benennung der einzelnen Ausdrucksleistungen erfolgt nach Möglichkeit deskriptiv. Doch gelegentlich, insbesondere bei formal nicht kurz charakterisierbaren Formen, werden auch andere, vor allem funktionelle Bezeichnungen, wie z. B. „Drohen“, verwendet.

b) Das zweite Ziel dieser Arbeit ist eine qualitative, vorläufige Analyse der einzelnen Ausdrucksleistungen. Dabei stehen folgende Fragenkomplexe im Vordergrund:

1. Welche äußeren Situationen lösen die betreffende Ausdrucksleistung aus? Im Rahmen dieser Arbeit werden nur die wichtigsten Varianten der auslösenden Situation dargestellt. Die für die auslösende Wirkung einer Situation außerordentlich wichtigen Komponenten der stimmungsmäßigen Disposition und der persönlichen Beziehung werden nur soweit angeführt, als sie für einzelne Ausdrucksleistungen oder ganze Gruppen von ihnen charakteristisch sind.

2. Welches ist ihre aktuelle Wirkung und welches ihre allgemeine Funktion? Auch die aktuelle Wirkung wird nur anhand charakteristischer Fälle umrissen, nicht aber konsequent in ihrer Abhängigkeit von Stimmung und persönlicher Beziehung dargestellt. Die allgemeine Funktion läßt sich aus Zoobeobachtungen allein, ohne Kenntnis der entsprechenden Verhältnisse im Freileben, nicht zuverlässig erschließen. Daher werden solche Äußerungen nur mit großer Zurückhaltung gemacht.

3. Welches ist ihre Motivation? Es ist im Rahmen dieser Arbeit nicht am Platz, auf Triebtheorien einzugehen. Daher beschränke ich mich in der Motivationsanalyse auf eine Charakterisierung der aktuell ausgelösten, zum betrachteten Verhalten gehörenden Erregung. Diese wird erschlossen nach den Prinzipien von TINBERGEN (1959), d. h. durch Analyse von Form, Auslösesituation, Wirkung und zeitlicher Korrelation mit anderen Verhaltensweisen. Manchmal wird nach FISCHER (1965) auch die Ontogenese einer zu analysierenden Verhaltensweise beigezogen.

Die Ausdrucksleistungen werden gruppiert nach Hauptkategorien der aktuellen Erregung, und innerhalb dieser Gruppen, wie schon erwähnt, angeordnet im Sinne gesteigerten ausdrucksmäßigen Aufwandes, ähnlich der Aufstellung von KAUFMAN und ROSENBLUM (1966) für ein gesamtes Verhaltensinventar von *Macaca nemestrina* und *M. radiata.*

Nach KUMMER (1957) wird der Sender einer Ausdrucksweise „Aktor“, der Empfänger „Rezeptor“ genannt. Wenn ein Verhalten speziell an einen einzelnen Empfänger gerichtet ist, so heißt dieser auch „Adressat“.

HAUPTFELDER DES AUSDRUCKS

Ein Überblick über den gesamten Ausdrucksbereich des Javaneraffen legt eine Gliederung in Hauptfelder nahe, die je untereinander näher „verwandte" Ausdrucksformen umfassen. Die Verwandtschaft bezieht sich einerseits auf die Form, anderseits auf ihre Bedeutung in der sozialen Szene und damit ihre Auslösung, Wirkung (Funktion) und Motivation. Da es jedoch auch zwischen Hauptfeldern mannigfache Übergänge gibt, bleibt die Grenzziehung in gewissem Ausmaß willkürlich. Die Hauptfelder des Ausdrucks seien im folgenden in ihrem Zusammenhang gekennzeichnet und umrissen.

Schema 1
Übersicht über die Hauptfelder des Ausdrucks und ihre formalen Verbindungen

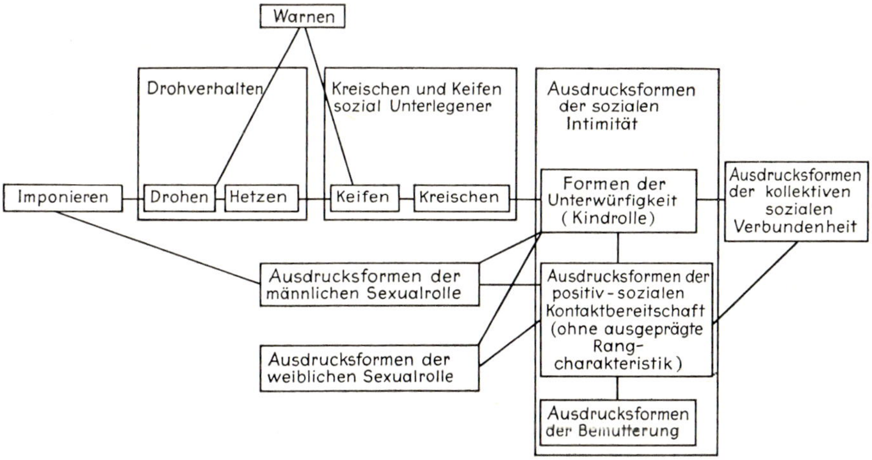

1. Drohverhalten

Das Drohverhalten besteht aus symbolisierten und ritualisierten Phasen des Angreifens. Es kommt als initiatives soziales Eingreifen vor, z. B. gegen einen anstoßerregenden Sozialpartner, oder als reaktiver Einsatz gegen Belästigungen oder Anfeindungen. Sehr häufig sind auch Eingriffe in eine Auseinandersetzung zu Gunsten der einen Partei. In allen Fällen eignet dem Drohenden eine relative Selbstsicherheit. Er ist entweder dem Gegner basal überlegen, oder er gewinnt Selbstsicherheit dank seinen Parteigängern.

Das Drohverhalten ist durch Übergangsbereiche verbunden mit dem Imponierverhalten, dem Kreischen bzw. Keifen sozial Unterlegener und dem Warnverhalten.

2. Imponieren

Unter Imponieren werden hier verschiedene Verhaltensweisen zusammengefaßt, die als initiatives Sich-zur-Schau-Stellen auffallen. Es gehören dazu Formen des „Sich-Vergrößerns" und des Sich-Straffens in Haltung und Fortbewegung, dann auch auffallende, kraftvolle rhythmische Bewegungen. Imponierverhalten zeigen vor allem ranghöchste Individuen. Es wird häufig ausgelöst durch Lärm von außen und Streitereien in der Gruppe, ferner durch Begegnung mit anderen, aber unterlegenen Ranghohen. Außerdem scheint es auch spontan aufzutreten.

Imponieren bedeutet ein Demonstrieren der Dominanz und der sozialen Initiative, ohne ausgeprägte aggressive oder sexuelle Note. Es dürfte eine spezifische Motivation besitzen.

Es bestehen Übergänge vom Imponieren zum Drohverhalten und zum männlichen Sexualverhalten.

3. Ausdrucksformen der sozialen Intimität

Die Kontaktformen der sozialen Intimität beinhalten im Ausdrucksbereich besondere mimische Elemente und Verhaltensformen, die aus der Mutter-Kind-Beziehung stammen (Körperpflege, Umarmen). Sie treten auf als Einleitung oder Aufrechterhaltung eines positiven Kontaktes mit einem vertrauten Sozialpartner. Dementsprechend ist die Motivation eine positiv-soziale Kontaktbereitschaft, wobei aber je nach der Beziehung zwischen Aktor und Rezeptor drei Kategorien zu unterscheiden sind: 1. Der Aktor zeigt sich „freundlich" überlegen im Sinne der Bemutterung. 2. Der Aktor zeigt sich unterwürfig (Kind-Rolle). 3. Der Aktor zeigt sich ranglich neutral.

Übergangsformen gibt es zum sexuellen Ausdrucksverhalten beider Geschlechter, zum Kreischen bzw. Keifen sozial Unterlegener und zu den Ausdrucksformen der kollektiven, positiven Verbundenheit.

4. Kreischen bzw. Keifen sozial Unterlegener

Kreischen und Keifen sind laute Vokalisationen, verbunden einerseits mit aggressiven Verhaltensweisen, andererseits mit Ausdruckskomponenten der sozialen Unsicherheit. Ein Aktor kreischt oder keift in Konfrontationen mit einem dominanten Gegner typischerweise dann, wenn er potentielle Helfer in der Nähe weiß.

Die Motivation umfaßt offenbar integriert drei Komponenten: Opposition gegenüber dem Gegner; Unterlegenheit als Gestimmtheit verstanden; hilfeheischende Zuwendung an potentielle Helfer.

Die Übergänge vom heftigen Keifen zum Drohverhalten (Hetzen) und vom Kreischen zum Ausdrucksbereich der Unterwürfigkeit und damit zu den Kontaktformen der sozialen Intimität wurden bereits angedeutet. Daneben können beim Keifen Vokalisationen auftreten, die von bestimmten Warnlauten kaum zu unterscheiden sind.

5. Ausdrucksformen der kollektiven sozialen Verbundenheit

In gewissen Situationen breiten sich Vokalisationen, die Stimmfühlungslauten anderer Tierarten vergleichbar sind, wellenartig durch die Sozietät aus. Die Javaneraffen äußern solche Laute vor allem in Erwartung des Futters, oder vor und nach Umsetzungen der Gruppe in einen anderen Raum, wie das im Zoo routinemäßig zur Käfigreinigung geschieht. Die meisten dieser Vokalisationen sind mit der Mimik der positiv-sozialen Kontaktbereitschaft verbunden; oft wird das Ganze noch begleitet von spielerischen Kontaktnahmen. Die Szenen lassen auf eine kollektive Stimmung der sozialen Verbundenheit schließen. Dementsprechend bestehen auch Übergänge zwischen diesen Ausdrucksformen und denjenigen der sozialen Intimität.

6. Ausdrucksformen der männlichen Sexualrolle

Das Sexualverhalten der ♂♂ ist mit sozialem Rang und sozialer Initiative aufs engste verbunden. Wichtigste Verhaltensleistungen aus dem Bereich der männlichen Sexualrolle, selbst das Aufreiten, treten auch als Ausdrucksformen auf, die nicht im engeren Sinne sexuell motiviert und wirksam sind. Sie bringen einerseits die Kontaktinitiative der ♂♂ gegenüber den ♀♀ zum Ausdruck und stellen gleichzeitig eine Demonstration sozialer Selbstsicherheit gegenüber der Gruppe, insbesondere gegenüber Rivalen und Dominierten, dar. In seltenen Fällen übernehmen auch dominante ♀♀ Verhaltensweisen der männlichen Sexualrolle, vor allem das Analinspizieren.

Treten unter ♂♂ Begattungs-Szenen auf, so läßt sich aus der Rollenverteilung nicht auf die Rangbeziehung schließen.

Von den Ausdrucksformen der männlichen Sexualrolle gibt es Übergänge zum Imponieren und zum Ausdruck der sozialen Intimität ohne Rangcharakteristik.

7. Ausdrucksformen der weiblichen Sexualrolle

Auch gewisse Verhaltensweisen, die zur weiblichen Sexualrolle gehören, treten als Ausdrucksleistungen mit komplexer sozialer Motivation und Funktion auf. In den meisten Fällen sind sie Ausdrucksformen der Unterwürfigkeit, oft auch der intimen Verbundenheit. Gegenüber Dritten werden sie als Demonstration des Protegiertseins durch hochrangige ♂♂ eingesetzt.

Daß gewissen Formen des Präsentierens unter ♂♂ die Note der Unterwürfigkeit und Protegiertheit abgeht, wurde bereits unter 6. angedeutet.

Es gibt Übergänge von den Ausdrucksformen der weiblichen Sexualrolle zum Ausdrucksbereich der Unterwürfigkeit und der sozialen Verbundenheit.

8. Warnen

Zum Warnen gehören meist schrille Vokalisationen. Im Zoo wird es ausgelöst durch Wärter und große Vögel, beide als Ersatz für echte Artfeinde.

Es bestehen Übergänge vom Warnrufen zum Drohgrunzen und zum „Protestschrei".

A. Drohverhalten

ALLGEMEINES

Drohung besteht aus symbolisierten und in verschiedener Weise ritualisierten Phasen des Angreifens. Hervorstechende Formen der Ritualisierung sind betont dynamische Bewegungsabläufe einerseits, betont statische Haltungen anderseits. Zur ersteren Gruppe ist z. B. der „Scheinangriff" zu zählen, zur letzteren das „Stumme Drohen" (mit starrem Blick, gespannter Körperhaltung und offengehaltenem Maul). Beim „Schubweisen Vorrücken" wechseln symbolisierter Vorstoß und Drohhaltung regelmäßig ab.

Die Auslöse-Situationen sind in hohem Maße abhängig von den persönlichen Beziehungen der beteiligten Ind. Da aus einleitend erwähnten Gründen hier nicht darauf eingegangen werden kann, seien nur einige häufige Fälle angeführt:

Drohung kann reaktiv auftreten, z. B. als Antwort auf eine Aggression (oft in der Form des „Hetzens", s. unten) durch ein inferiores Ind., eine spielerische oder sexuelle Belästigung. Oft hat Drohen den Charakter initiativen Eingreifens. So unterbindet Alpha z. B. durch Drohungen allfällige Paarungsversuche anderer ♂♂. Auch drohendes Eingreifen durch ranghohe Ind. in die Auseinandersetzungen anderer Tiere ist häufig zu beobachten. Einen Spezialfall bildet Drohen als „redirection activity" (Bastock, Morris und Moynihan, 1954): Ein Ind. wird bedroht und bedroht nun als Reaktion darauf seinerseits ein unbeteiligtes Drittind.

Durch Drohen wird der Adressat meistens in seiner Tätigkeit unterbrochen und oft auch vertrieben. Dominante Ind. können damit das Verhalten von inferioren wesentlich einschränken.

Oft bekommt ein drohendes Ind. Unterstützung. Dies geschieht besonders häufig bei den als „Hetzen“ bezeichneten Drohformen. Beim „Hetzen“ droht der Aktor nicht nur, sondern er appelliert gleichzeitig an andere Ind. um Unterstützung. Dieser Appell kann verdeutlicht werden durch Anblicken oder Sich-Zugesellen zu einem potentiellen Helfer.

Funktion und tiefere Motivation sind vielgestaltig. So kann Drohverhalten dem Durchsetzen von Rangprivilegien dienen, oder es ist Ausdruck der Exklusivität und Intoleranz, oder der Protektion, oder es ist umorientierte Aggression mit Drohen als „Endhandlung“, usw. Auf eine derart umfassende Funktions- und Motivationsanalyse, wie sie Schenkel (1967) entworfen hat, kann ich hier nicht eintreten. Die Erläuterung eines Beispiels am Schluß dieses Abschnittes und die folgende Feststellung sollen genügen: Alle oben angedeuteten Grundregungen münden unter Umständen in einen gemeinsamen „Kanal“, den man als Aggressivität zu bezeichnen pflegt.

So bleibt nur noch die Frage zu beantworten, wann und weshalb die Aggression nur in symbolisierter und ritualisierter Form abläuft. In einer etablierten Gruppe von Javaneraffen ist die positive Komponente der persönlichen Beziehung stets ein hemmender Faktor für das Aufkommen der Aggressivität. Hemmend wirken auch Furcht vor dem Gegner und dessen potentiellen Helfern, Unterwürfigkeit des Partners u. a. Besonders typisch für Primaten ist schließlich die bereits angedeutete Möglichkeit, daß Aggression in Form von Drohverhalten gleichsam als Instrument zur Verwirklichung anderer Tendenzen verwendet wird. Wenn eine Mutter ein älteres Junges durch kurzes Drohen daran hindert, mit ihrem Säugling Spielkontakt aufzunehmen, so tut sie das aus einer Tendenz zur Protektion des Säuglings heraus. Ihre Motivation ist nicht Aggressivität schlechthin, mit Beißen des Partners als angestrebter Endhandlung, sondern hier ist die Aggression nur Mittel im Rahmen der Bemutterungs-Tendenz. Hier ist die Sicherheit des Jungen angestrebte „Endsituation“, und wenn diese bereits mit einer schwachen, symbolisierten Aggression erreicht werden kann, so hat der Aktor keinen Anlaß, zum vollen Angriff überzugehen.

Drohen

Kennzeichen des Drohens gegenüber dem Hetzen sind Ohrenspreizen, Mundaufsperren und weit offene Augen. In beiden Formbereichen sind die Augenbrauen hochgezogen. Obwohl sich eine Szene mit Drohen wie jede Auseinandersetzung vor den aufmerksamen Gruppengenossen abspielt, konzentriert sich ein drohendes Ind. auf seinen Gegner und versucht in der Regel nicht, andere Ind. damit zu beeinflussen. Nur dominante Ind. bedrohen vollumfänglich einen Opponenten.

1. Fellsträuben (Abb. 2)

Beim Fellsträuben unterscheide ich nach dessen Ausmaß drei Hauptvarianten: 1. Nur im Nacken und der Schulterregion sind die Haare gesträubt. 2. Auch auf dem ganzen Rücken sind die Haare aufgerichtet. 3. Das Fellsträuben umfaßt zusätzlich die Rumpfseiten, den Schwanz und die Extremitäten. Diese Reihe entspricht wohl drei Intensitätsgraden der zugrundeliegenden Erregung.

Fellsträuben kann als eigene Ausdrucksleistung auftreten. So reagieren z. B. ranghohe, initiative Ind. oft mit Fellsträuben auf einen Streit in ihrer

Umgebung, bevor oder überhaupt ohne daß sie sich in die Auseinandersetzung einmischen. Die zugrundeliegende Motivation ist wohl eine recht unspezifische Erregung mit aggressiven und imponierartigen Komponenten.

Meistens aber bildet Fellsträuben nur ein Element von komplexeren Ausdrucksformen in den Bereichen des Drohverhaltens und des Imponierens.

2. Drohfixieren

„Tense-mouth face" (VAN HOOFF, 1967)

Elemente: *Fixieren:* Meist ruckartiges, optisches Fixieren des Adressaten. Das Gesicht wird ihm frontal zugewandt, und wenn immer möglich wird ihm in die Augen geschaut. Die Augen des Aktors sind weit offen. *Vorstrecken des Kopfes:* Der Kopf wird in Richtung des Rezeptors vorgestreckt und meistens mehr oder weniger tiefgehalten.

Drohfixieren als eigene Ausdrucksleistung ist seltener als Stummes Drohen (3.). Im Zoo ist es die Drohform, die am häufigsten gegenüber Menschen gezeigt wird.

3. Stummes Drohen (Abb. 1, Fig. 1)

„Staring open-mouth face" (VAN HOOF, 1967)
„Open mouth threat" (SHIREK-ELLEFSON, 1967)

Elemente: *Fixieren, Vorstrecken des Kopfes, Mundaufsperren:* Der Mund wird aufgesperrt, die Lippenmuskulatur erscheint schlaff, denn die Zähne sind entsprechend dem Grad der Mundöffnung verdeckt oder leicht entblößt. *Ohrenspreizen:* Die Ohren werden abgespreizt. *Brauenheben:* Hochziehen der Augenbrauen und damit Vorzeigen des weißlichen Feldes zwischen Auge und Augenbraue.

Beim Stummen Drohen werden oft die Nackenhaare gesträubt. Zudem lassen sich beträchtliche individuelle Unterschiede beobachten. Beispielsweise zeigt ein Ind. der Kolonie das Mundaufsperren nur schwach oder überhaupt nicht. Ein bestimmtes ♂ hält bei intensiver Drohung den ganzen Vorderkörper tief, dabei sind die Arme stark eingeknickt und das Kinn berührt fast den Boden.

Abb. 1. Stummes Drohen (3.) eines adulten ♂ während eines aggressiven Vorstoßes

Stummes Drohen ist die häufigste Drohform innerhalb der Sozietät. Es wird mit ganz seltenen Ausnahmen nur von dominanten Ind. gegenüber inferioren ausgeführt und ist daher ein gutes Indiz der Dominanz. Es ist kurz und relativ unauffällig, dennoch können sehr ranghohe Ind., denen allgemein große Aufmerksamkeit geschenkt wird, damit wirkungsvoll das Verhalten der Gruppe beeinflussen.

4. Drohen mit Grunzen

Elemente: Alle Elemente des Stummen Drohens, nur Mundaufsperren ist ersetzt durch Grunzen: *Drohgrunzen:* Stimmhaftes „rrr“ von meist nahezu einer halben Sekunde Dauer. Die Mundspalte ist dabei nur schwach geöffnet. Die Tendenz zum Tiefhalten des Kopfes ist hier weniger ausgeprägt als beim Stummen Drohen.

Das Drohgrunzen tritt typischerweise auf, wenn die Aufmerksamkeit des Rezeptors nicht auf den Aktor gerichtet ist, oder wenn die Distanz zu ihm relativ groß ist. Diesen Umständen wird vom Aktor durch den zusätzlichen akustischen Aufwand Rechnung getragen.

Drohen mit zusätzlichen Intentionsbewegungen oder umorientierten Bewegungen

Zum Stummen Drohen, seltener auch zum Drohen mit Grunzen, können verschiedenartige, die Drohung verstärkende Elemente hinzutreten:

Im Sitzen

Bodenschlag: Eine Hand oder beide Hände werden mit einem Ruck vom Boden abgehoben und schlagartig ungefähr am alten Ort wieder aufgesetzt. Der Rumpf des Aktors bewegt sich kaum. Der Bodenschlag ist sehr selten und nur bei wenigen Ind. zu sehen.

Vorschnellen des Oberkörpers: Der Oberkörper schnellt vor und wird meist ziemlich tief von den weit auseinander aufsetzenden Händen, seltener nur mit einer Hand, aufgefangen.

Im Stand, evtl. nach unmittelbar vorangegangenem Sich-Erheben

Schubweises Vorrücken: Vormarschieren in Richtung des Rezeptors oder schräg an ihm vorbei. Nach einem oder wenigen gespannten Schritten wird jeweils ruckartig gestoppt. Das ganze wird meistens mehrfach wiederholt.

Sprungintention: Auf Ästen und Kanten wird eine ritualisierte Absprungstellung mit vorne extrem tiefer Haltung eingenommen. Sie ist durch das Terrain bedingt.

Schlagen nach dem Rezeptor: Mit einer Hand wird rasch nach dem Rezeptor geschlagen oder gelangt. Es gibt graduelle Übergänge zum richtigen Schlagen und Fassen.

Die erwähnten zusätzlichen Elemente zum Drohen sind wenig ritualisiert und sehr variabel. Es existieren deutliche individuelle Bevorzugungen gewisser Typen und Varianten.

Die zwei häufigsten Situationen, in welchen die oben angeführten Intentionsbewegungen auftreten, sind folgende: 1. Der Aktor bedroht den Rezeptor stumm, dieser setzt sich in der Nähe hin bzw. bleibt sitzen, schaut zum Aktor und zeigt Ausdruckselemente der Unterwürfigkeit. Jetzt beginnt der Aktor mit den beschriebenen Intentionsbewegungen. Meistens wiederholt und variiert er diese, bis der Rezeptor flieht. 2. Auf Grund der aktuellen sozialen Situation ist der inferiore Rezeptor initiativ-aggressiv, der überlegene Aktor reaktiv-defensiv. Beide Teile zeigen abwechselnd Vorprellen und Zurückweichen.

Fig. 1. Stummes Drohen (3.)

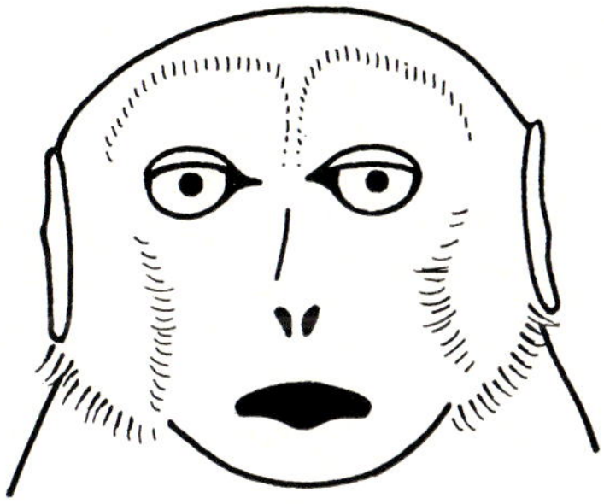

Fig. 2. Hetzen mit Grunzen (7.)

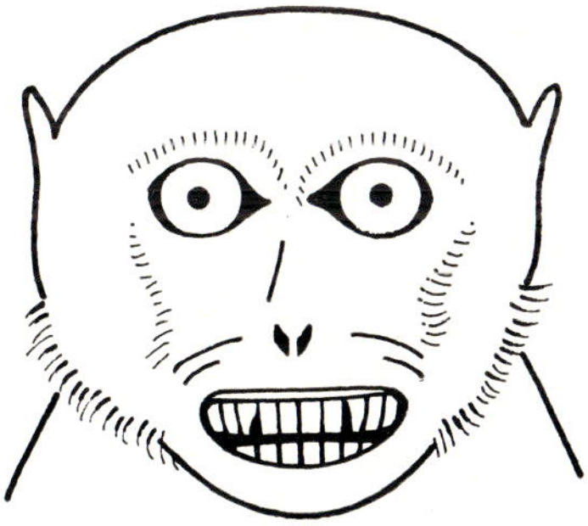

Fig. 3. Zähneblinken (32.)

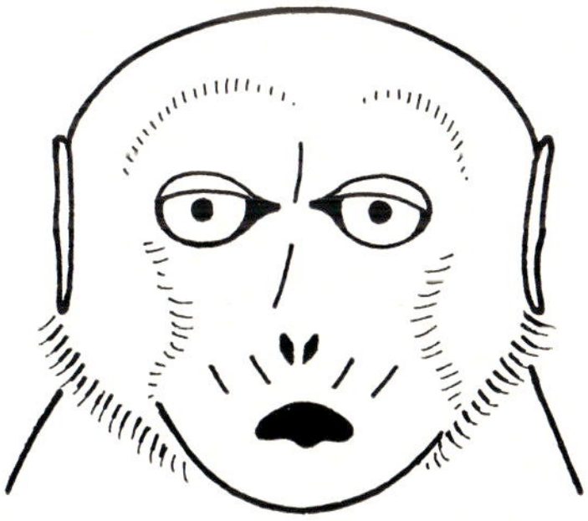

Fig. 4. Schmatzen mit Mimen (23.)

Zwischenhinein treten beim Aktor die erwähnten Intentionsbewegungen auf.

Die Wirkung des Drohens mit Intentionsbewegungen besteht also hauptsächlich darin, daß ein nicht fliehen wollender Rezeptor doch noch zur Flucht veranlaßt wird.

Die Intentionsbewegungen verstärken die stumme Drohung bzw. bringen das Nicht-Nachlassen der Ablehnung des Rezeptors zum Ausdruck.

5. Scheinangriff

Elemente: *Fixieren, Scheinangriff:* „Symbolischer" Angriff, ohne Versuch den Rezeptor zu fangen, beendet durch plötzlichen Stop, oft Imponierstop (18.).

Gleichzeitig zu beobachten sind oft auch *Fellsträuben, Ohrenspreizen* und *Brauenheben.* Manchmal schon während des Scheinangriffs, spätestens aber beim Stop, wird volles Stummes Drohen gezeigt. Dies unterbleibt nur, wenn der Rezeptor außer Sicht geflohen ist. Der Scheinangriff kann sich über eine Distanz von etwa dreißig Zentimetern bis fünf Metern erstrecken. Der Rezeptor flieht meist sofort und stoppt auch, wenn der Aktor stoppt. Manchmal holt aber der Aktor den Rezeptor ein, dann bremst der Aktor oder weicht aus. Evtl. prallt er sogar an einen unaufmerksamen Adressaten, der zu spät flieht, doch packt er nicht zu. Es ist nicht immer einfach zu entscheiden, ob der Angriff ernsthaft oder nur „Bluff" ist. Im allgemeinen ist der Einsatz beim Scheinangriff nicht voll, d. h. der Aktor entwickelt nicht Höchstgeschwindigkeit. Alpha pflegt am häufigsten und deutlichsten Scheinangriffe zu machen.

Der Scheinangriff tritt entweder nach erfolglosen Drohformen als letzte Steigerung auf, oder als unmittelbar initiativer Eingriff.

Hetzen

Kennzeichen des Hetzens gegenüber dem Drohen sind Ohrenanlegen, Senken der Augenlider und das Fehlen des Mundaufsperrens. Während das Drohen meist stumm erfolgt, umfaßt das typische Hetzen lautes Grunzen. Ein hetzendes Ind. versucht mit seinem auffallenden Verhalten meistens andere Ind. zur Aggression gegen seinen Gegner zu veranlassen, also sie auf ihn zu „hetzen". Es kann gegenüber seinem Gegner sowohl dominant als auch inferior sein.

6. Stummes Hetzen (Abb. 3)
„White-pout threat" (SHIREK-ELLEFSON, 1967)

Elemente: *Fellsträuben, Fixieren:* Blick in die Augen des Rezeptors wird angestrebt, ist aber keineswegs notwendig zur Entfaltung der folgenden Elemente. *Vorstrecken des Kopfes:* Etwas anders als beim Drohen: Spezifisches Vorstrecken des Mundes, der Kopf wird kaum tiefgehalten. *Brauenheben:* Maximal. *Lidsenken:* Senken der Augenlider, so daß das weißliche Feld von den Augenbrauen bis über die Augen hinunter vergrößert wird. Die Augen bleiben etwa halboffen. *Ohrenanlegen:* Die Ohren werden an den Kopf gepreßt. Oft kommen weiter dazu: *Blick nach Unterstützung:* Blicken zu einem Ind., von dem Aggression gegen den Rezeptor erwartet wird. Es gibt Übergänge zum Umsichblicken, welches einfach dem Prüfen der Situation dient. *Präsentieren* vor ranghöheren Ind., meistens mit *Präsentierendem Schwanzaufrichten* (s. 55.). Gelegentlich sind Übergangsformen zwischen Hetzen und Drohen zu beobachten. Eine solche Zwischenform betrifft die von SCHLOETH (1956—7) beschriebene „Drohung", welche die beiden einander sonst ausschließenden Elemente Mundaufsperren und Ohrenanlegen zugleich umfaßt.

Abb. 2. Jungadultes ♂ beim Hetzen mit Grunzen (7.). Die Haare sind gesträubt (1.)

Stummes Hetzen tritt meistens als Vorstufe, Zwischenstadium und Endphase des Hetzens mit Grunzen auf. Allein kann es als wenig intensive Variante des Hetzens vorkommen. Dabei ist wohl die momentane Unsicherheit ein wesentlicher Faktor in der Motivation. Sobald der Aktor die Situation überblickt, beginnt er z. B. zu grunzen, direkt anzugreifen oder zu fliehen.

7. Hetzen mit Grunzen (Abb. 2)

Elemente: Alle Elemente des Stummen Hetzens, dazu Hetzgrunzen: Intensives *Drohgrunzen:* Lauter, in längeren Einzelstößen und öfters wieder-

Abb. 3. Subadultes ♂ beim Imponierbegatten (50.) eines hetzenden, ebenfalls subadulten ♀

holt als beim Drohen, oder: *Doppelgrunzen:* „Rugissement lié à l'attaque", GOUSTARD (1963): Zwei, meistens kurze, aufeinanderfolgende Grunzer. Der erste ist ein normales Hetzgrunzen, der zweite entsteht durch Weitergrunzen beim Atemholen. Manchmal wird eine ganze Serie von Doppelgrunzern aneinander gehängt.

Hetzen mit Grunzen bildet die typische Form des Hetzens. Das Doppelgrunzen stellt die intensivere Variante des Hetzgrunzens dar und tritt vor allem dann auf, wenn der Adressat aus nächster Nähe plötzlich flieht, oder wenn er beinahe eingeholt wird, und dann insbesondere wenn er sich stellt. Junge ♂♂, die gegen dominante hetzen, zeigen beim Hetzen oft ein weiteres Ausdruckselement: *Straffen der Gliedmaßen:* Sich im Stehen durch maximales Strecken der Gliedmaßen großmachen. Der Kopf bleibt aber vorgestreckt, wie es fürs Hetzen kennzeichnend ist.

Hetzen tritt gegenüber dem Drohen bevorzugt in Situationen auf, wo mehrere Aktoren miteinander gegen einen Gegner vorgehen, oder wo ein einer Aggression ausgesetztes Ind. seine Aggressivität an einem unbeteiligten Dritten „abreagiert" („redirected activity"). Ist der Aktor unsicher, dem Gegner unterlegen oder beides, oder versucht er nachhaltig Drittindividuen zur Unterstützung zu gewinnen, so erfolgt die Drohung stets in der Form des Hetzens. Dementsprechend werden durch das Hetzen, welches ja sehr auffällig ist und oft lange Zeit andauert, meistens weitere Ind. zur Teilnahme an der Auseinandersetzung bewogen. Erfahrene Ind. können das Hetzen taktisch geschickt und effektvoll einsetzen (vgl. Kapitel „Soziale Taktik ...").

8. Hetzjagen

Elemente: Alle Elemente des Hetzens mit und ohne Grunzen, dazu Jagen: *Hetzjagen:* Vorstoßen und Verfolgen ohne Versuch, den Rezeptor zu fangen.

Der Ablauf einer Hetzjagd ist extrem variabel, vor allem weil meistens mehrere Ind. mit wechselnden Rollen beteiligt sind. In gewissen Fällen rennt ein Aktor bis genau an denjenigen Ort, von dem er den Rezeptor durch seinen Vorstoß weggejagt hat. Es folgt eine Phase statischen Hetzens, evtl. wieder ein Jagen und so fort. Gerät der Rezeptor in die Enge oder wird er eingeholt, so langt ein Aktor manchmal etwas nach ihm, viel häufiger aber stoppt er ohne weitere Aggression oder rennt am Rezeptor vorbei. In den kritischen Momenten gibt er oft eine kurze Serie von Doppelgrunzern von sich.

Hetzjagen entspricht im Bereich des Hetzens dem Scheinangriff im Bereich des Drohens. Das Hetzjagen ist aber weniger ritualisiert als der Scheinangriff. Auch kann es im Gegensatz zum Scheinangriff als Reaktion auf die Flucht des Rezeptors (gegen den vorher etwa an Ort gehetzt wurde) auftreten.

Es gibt unmerkliche Übergänge vom Hetzjagen zum ernsthaften Angreifen.

B. Imponierverhalten

ALLGEMEINES

Unter Imponierverhalten verstehe ich beim Javaneraffen auffällige, meist kraftvolle Verhaltensweisen, welche Dominanz und Initiative demonstrieren. Die meisten dieser Imponierformen sind nicht direkt an einen Partner gerichtet. Einige dagegen treten stets an einen Rezeptor gerichtet auf. Wieder andere Formen stehen in Beziehung mit Faktoren außerhalb der Gruppe. Alle Imponierformen sind zum mindesten indirekt an die Gruppenmitglieder gerichtet, indem sie daraufhin angelegt sind, deren Aufmerksamkeit auf den Aktor zu lenken.

Auslösend wirken Lärm von außen (z. B. Flugzeuge auch im Freileben, Chiang, pers. Mitt.), Imponieren anderer, besonders inferiorer Ind., und Streitereien innerhalb der Gruppe. Z. T. scheint Imponieren spontan aufzutreten. Entsprechend den Beobachtungen an Japanischen Rotgesichtmakaken (Imanishi, 1963) dürfte im Freileben z. B. das Asträtteln auch bei Begegnungen zweier Gruppen auftreten. Im Zoologischen Garten Basel löst z. B. das Asträtteln des benachbarten Mandrills beim Javaneraffen-Alpha regelmäßig Asträtteln aus (keine Sichtverbindung). Hopsen (auf ebenem Boden) und dergleichen fehlt vielleicht im Freileben, da der Javaneraffe nach Furuya (1965) ein ausgesprochener Waldbewohner ist und vorwiegend arboreal lebt.

Gerichtetes Imponieren löst beim Adressaten Unterwürfigkeit und unter Umständen auch Flucht aus. Die übrigen Imponierformen bewirken dagegen selten direkte Reaktionen bei den Gruppenmitgliedern. Doch auch sie scheinen die dominante Stellung des Aktors in der Gruppe zu bestärken.

Unter Berücksichtigung von Form, Auslösung, Wirkung und zeitlicher Korrelation mit anderen Verhaltensweisen ergeben sich zwar Beziehungen und Übergänge des Imponierverhaltens zur Aggression und zum männlichen Sexualverhalten, doch im wesentlichen erscheint das Imponieren auch hinsichtlich der Motivation als eigener Bereich des Ausdrucksverhaltens.

Schema 2

Die wichtigsten Verbindungen unter den Imponierformen

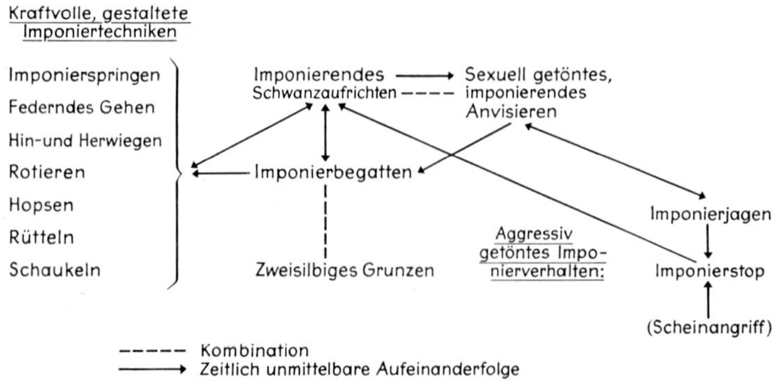

Die Anwesenheit dominanter Ind. läßt bei inferioren kaum je ein Imponieren aufkommen.

Die ungerichtet ausgeführten Imponiertechniken sind aufgrund von Lernprozessen individuell so stark verschieden und für weitere Entwicklungen offen, daß ich kein umfassendes, arttypisches Inventar angeben kann (vgl. Kapitel „Bemerkungen zur Ontogenese . . .“).

9. Imponierendes Schwanzaufrichten (Abb. 15)
„Stalking“ (Shirek-Ellefson, 1967)

Elemente: *Imponierendes Schwanzaufrichten:* Initiatives Aufrichten des Schwanzes, oft mit Vornüberbiegen. Manchmal kommt *Fellsträuben* dazu.

Der Grad des Schwanzaufrichtens variiert vom angedeuteten Heben des Schwanzanfanges bis zum extremen Vornüberbiegen des Schwanzes, so daß die Schwanzspitze fast die Stirne berührt. Ist der Schwanz weniger als vertikal oder knapp vertikal aufgerichtet, so zeigt er oft S-Form. Dabei ist der körpernahe Bogen stets nach oben offen, der schwanzendnahe nach unten.

Die ♀♀ zeigen nur selten imponierendes Schwanzaufrichten. Am häufigsten ist es bei Alpha[2]) zu beobachten.

Alpha zeigt fast bei jeder Begegnung mit anderen adulten ♂♂ Imponierendes Schwanzaufrichten. Daneben zeigt er es z. B. auch bei Lärm und beim Neubetreten des Innen- oder Außengeheges. Oft tritt es auch vor und nach anderen Imponierleistungen auf. Als Element kann es eine Komponente des Imponierenden Anvisierens (19.) bilden.

Schon imponierendes Schwanzaufrichten als häufigstes und schwächstes Imponierverhalten hat eine unauffällige einschüchternde Wirkung. So versuchen z. B. die Jungen nie, mit Alpha in Spielkontakt zu kommen, wenn er den Schwanz hochträgt.

10. Imponierspringen

Elemente: *Imponierspringen:* Großer Sprung mit harter Landung, evtl. gefolgt von etwas Schaukeln, Hin- und Herwiegen oder Hopsen. Manchmal kommt *Fellsträuben* dazu.

Imponierspringen ist eine wenig ritualisierte Ausdrucksbewegung, und nur wenige Ind. führen sie aus. Je nach Terrain ist der Sprung recht verschieden, entsprechend auch die oft nachfolgende Andeutung eines anderen Imponierverhaltens (Schaukeln, Hin- und Herwiegen, Hopsen). Die einzelnen Ind. haben bevorzugte Orte für das Imponierspringen und dabei einen ziemlich konstanten Ausführungsmodus.

11. Federndes Gehen

Elemente: *Federndes Gehen:* Schwungvolles Gehen in strengem Diagonalschritt, so daß der ganze Körper bei jedem Schritt elastisch auf- und abwiegt. Manchmal kommt *Fellsträuben* dazu.

Das Federnde Gehen kenne ich nur von einem Ind., dem Alpha-♂ der Mülhausener Gruppe. Es wirkt immer sehr beschwingt. Es kann alleine oder als Einleitung zum Imponierspringen auftreten.

12. Hin- und Herwiegen

Elemente: *Hin- und Herwiegen:* Mit dem Vorderkörper Hin- und Herwiegen, zumindest die Füße bleiben am Boden. Manchmal kommt *Fellsträuben* dazu.

[2]) Wenn nicht speziell bezeichnet, ist unter „Alpha“ stets das Ind. „Willy“ gemeint. Der sprachliche Gebrauch der Gegenwart bezieht sich auf die Situation der Affenkolonie im Jahre 1967, als diese Arbeit niedergeschrieben wurde.

Die Variation des Hin- und Herwiegens ist ziemlich gering, die individuellen Unterschiede dagegen sind groß. Im einfachsten und typischsten Fall bleiben Füße und Hände am Boden. Die Hände sind weit auseinander, der dadurch etwas tiefliegende Oberkörper wiegt seitlich hin und her. Bei Individuen, die neben Wänden und im Geäst hin- und herwiegen, lösen sich die Hände oft auf einer Seite vom Boden bzw. vom Ast und stoßen an die Wand bzw. an einen anderen Ast. Manchmal löst sich nur eine Hand, manchmal lösen sich beide Hände. Zuweilen ist die Bewegungsrichtung mehr diagonal als quer.

13. Rotieren

Elemente: *Rotieren:* Sich schwungvoll an Ort um die eigene Körperachse drehen. Manchmal kommt *Fellsträuben* dazu.

Von den adulten Affen zeigt nur das Alpha-♀ typisches Rotieren. Das Rotieren variiert von etwa einer Vierteldrehung bis etwa drei Umdrehungen. Es wird auf ebener Fläche ausgeführt und ersetzt Imponierspringen, Hin- und Herwiegen und Hopsen, alles Imponierformen, die das Alpha-♀ nie zeigt.

14. Hopsen

Elemente: *Hopsen:* Rhythmisches senkrecht in die Luft Hüpfen, an Ort. Manchmal kommt *Fellsträuben* dazu.

Gehopst wird ausschließlich auf hochgelegenen Flächen, nämlich dem Gipfelplateau des Felsens und, seltener, hochgelegenen Terrassen. Vielfach rennt der Aktor extra auf den Felsgipfel, um dort zu hopsen. Die Anzahl der Sprünge und deren Höhe variieren beträchtlich. Die Art der Ausführung ist individuell verschieden. Die höchstformalisierte Form, die der Vorgänger des heutigen Alpha jeweils sehr konstant vorführte, ist folgende: Abspringen und landen mit allen vier Extremitäten gleichzeitig, waagrechte Lage des Rumpfes in der Luft, Extremitäten in der Luft nach unten gestreckt, Kopf gesenkt. Der heutige Alpha springt mehr mit den Beinen als mit den Armen, hat in der Luft wie auch am Boden den Vorderkörper etwas aufgerichtet, den Kopf hoch, die Beine und auch leicht die Arme angezogen, das Ganze ist ziemlich variabel. Ein anderes ♂ wirft in der Luft die Arme nach hinten, wieder andere Ind. pendeln seitlich hin und her, so daß sich im Idealfall zwei Absprungs- und zugleich Landeorte nebeneinander ergeben. Wohl mehr unfreiwillig kommen auch Verschiebungen nach vorne oder hinten und Drehungen vor. Oft landen auch Vorder- und Hinterextremitäten nacheinander, worauf auch beim folgenden Absprung vorne und hinten nicht gleichzeitig abgestoßen wird. In der Luft wird dann (soweit möglich) ausbalanciert.

Eine Zwischenform zwischen Hopsen und Rütteln (15.) stellt das *Stampfen* dar, das aber nur selten zu beobachten ist. Dabei wird nur mit den Beinen, oder, ganz selten, nur mit den Armen „gehüpft“. Vor allem ein ♂ in der Rapperswiler Gruppe zeigt dies anstelle des Hopsens.

Bei den wenigen Ind., die sowohl Hin- und Herwiegen als auch Hopsen zeigen, ist Hopsen die intensivere Imponierform, wie sich aus der Häufigkeit, den Situationen und dem Energieaufwand ergibt.

Hopsen tritt kaum spontan auf.

15. Rütteln

Elemente: *Rütteln:* Mit einer (selten), zwei oder vier Extremitäten etwas festhalten und daran rütteln. Sehr oft kommt *Fellsträuben* dazu.

Meist wird mit allen vier Extremitäten zugleich gerüttelt. Als Gegenstände dazu dienen Äste, Bretter, Gitter, Ketten, Kessel.

Es wird stets kurz, rasch und rhythmisch gerüttelt. Die Frequenz ist vor allem von der physikalischen Trägheit des Gegenstandes abhängig, an dem gerüttelt wird. Ein Ind. variiert am selben Gegenstand fast nur die Dauer des Rüttelns und kaum die Frequenz. Die individuellen Unterschiede liegen vor allem in der Bevorzugung bestimmter Gegenstände und Ansatzstellen.

Oft tritt Rütteln anstelle von Hopsen, Hin- und Herwiegen oder Rotieren nur deshalb auf, weil die Möglichkeit dazu näher liegt. Wird das Imponieren Alphas aber von Streitigkeiten innerhalb der Gruppe hervorgerufen, so ist eine deutliche Bevorzugung des Rüttelns und Schaukelns (16.) offenbar. Langes (max. etwa 4 Sek.) lärmiges Rütteln stellt zusammen mit intensivem Schaukeln wohl die intensivste Form ungerichteten Imponierens dar.

Rütteln tritt kaum spontan auf.

16. Schaukeln

Elemente: *Schaukeln:* Sich mit allen Vieren an einem Ast festhalten und aktiv darauf schaukeln. Oft kommt *Fellsträuben* dazu.

Schaukeln läßt sich nur außen auf größeren Ästen oder in Wipfeln. Wenn möglich werden Gabelungen zum Festhalten benutzt. Durch kräftiges Schaukeln wird das Geäst meistens so in Schwingung gebracht, daß manche Äste aufeinanderschlagen und daß somit ein guter akustischer Effekt resultiert. Dazu muß sich der Aktor an einen relativ langsamen, einigermaßen konstanten Rhythmus halten, und dies muß er zuerst lernen. Beim Schaukeln werden evtl. rhythmisch Griffe gewechselt.

Die einzelnen Ind. bevorzugen gewisse Stellen im Geäst und variieren die Amplituden und die Dauer (max. etwa 8 Sek.) des Schaukelns. Es gibt Zwischenformen, die halb aus Rütteln und halb aus Schaukeln bestehen.

Schaukeln entspricht dem Rütteln (15.), mit folgenden Ausnahmen: Es ist häufiger als Rütteln (wohl weil es weniger anstrengend ist), und es tritt oft spontan (ohne ersichtlichen äußeren Reiz) auf. Rütteln tritt an die Stelle des Schaukelns, wenn die Möglichkeit zum Rütteln viel näher liegt als die Möglichkeit zum Schaukeln oder wenn die Möglichkeit zum Schaukeln überhaupt fehlt (z. B. im Innenkäfig).

17. Zweisilbiges Grunzen

Elemente: *Fellsträuben, Zweisilbiges Grunzen:* Extrem lautes, zweisilbiges Grunzen. Ausatmend erster Grunzton, dabei wird der Kopf hochgeworfen und die Augenbrauen werden etwas gehoben. Beim darauffolgenden Einatmen zweiter Grunzton, dabei wird der Kopf wieder gesenkt. Die beiden Grunzer werden hart aufeinanderfolgend produziert, so daß ein einziger, zweisilbiger Ruf entsteht. Dieser wird rhythmisch wiederholt.

Ich kenne das Zweisilbige Grunzen vor allem vom Alpha „Willy" der Basler Gruppe. Aber auch seine Nachfolger und gelegentlich andere ranghohe ♂♂ äußern es.

Ein Aktor äußert das Zweisilbige Grunzen typischerweise nach einer intensiven Aggression gegen ein anderes ♂, daneben auch nach Umsetzungen und größeren Streitigkeiten innerhalb der Gruppe (vgl. auch 18.). Gelegentlich aber tritt es auch schon während eines Krawalls oder während Kundgebungen der kollektiven sozialen Verbundenheit auf.

18. Imponierstop

Elemente: *Rutschstop:* Plötzlicher Stop aus dem Rennen heraus, mit Rutschen in steifer Haltung, oder *Polterstop:* Bremsen mit Stampfen, so daß es poltert (auf Brettern), oder *Stop mit Rütteln:* Plötzlicher Stop gefolgt von

Rütteln an der Unterlage oder *Stop mit Hopser:* Plötzlicher Stop gefolgt von einem Hopser an Ort. Der Imponierstop beschließt stets eine Art Angriff. Meistens droht der Aktor schon während des Imponierstops stumm, aber spätestens tut er dies unmittelbar nachher, zum Abschluß der Aggression. Die Form des Stops wird umgehend dem Terrain angepaßt, und dies ist der Hauptgrund für die Differenzierung in vier verschiedene Formen. Der Rutschstop wird fast nur im Sand und Kies ausgeführt und dann oft so, daß möglichst viel Material auffliegt. Der Polterstop kommt nur auf Holzbrettern zur Geltung, und das Stampfen kann evtl. nach dem Stillstand noch etwas fortgeführt werden, so daß sich ein kurzes Poltern an Ort ergibt. Der Stop mit Rütteln erfolgt auf Ästen, selten an einem Bretterrand. Der Stop mit Hopser wird auf hartem rauhem Boden ausgeführt.

Nur wenige Ind. zeigen öfters einen Imponierstop, am häufigsten Alpha. Den Polterstop kenne ich sogar nur von Alpha. Wie sich aus der Beschreibung ergibt, ist die Variation recht groß.

Ein Imponierstop kann erfolgen nach einem ernsthaften Angriff, nach einem Scheinangriff (5.) oder nach Imponierjagen (20.). Die „primäre" Erregung ist Aggressivität, was der Angriff und das Drohen bezeugen. Der Imponierstop selbst ist Ausdruck einer zusätzlichen Imponierkomponente.

Abb. 4. Weibchen beim Zähneblinken (32.), als Reaktion auf die Ankunft des Alpha-♀ (links). Das hintere ♀ pflegt (27.)

19. Imponierendes Anvisieren

„Stalking" (Shirek-Ellefson, 1967)

Elemente: *Fixieren:* Es werden nur ♀♀ fixiert. *Vorstrecken des Kopfes, Ohrenanlegen, Imponierendes Schwanzaufrichten:* Der Schwanz wird meist vornübergebogen, *Zurückziehen der Kopfhaut:* Die Kopfhaut wird maximal zurückgezogen, so daß die ganzen Augenbrauenwülste von nackter Haut überzogen sind. Manchmal kommt noch die *Sprungintention* hinzu.

Imponierendes Anvisieren zeigt am ausgeprägtesten Alpha. Er geht und schaut jeweils mit aufgerichtetem Schwanz umher und visiert nur ♀♀ an, die ihm in die Augen blicken. Schwanz- und Körperhaltung variieren, Tiefhalten des Vorderkörpers ist im allgemeinen gekoppelt mit starkem Vornüberbiegen des Schwanzes.

Alpha zeigt Imponierendes Anvisieren nach freundlichen Kontakten mit anderen ♂♂, beim Erscheinen des Wärters oder nach damit verbundenen Umsetzungen, selten mehr oder weniger spontan. Es tritt sehr häufig als Einleitung und statische Phase beim Imponierjagen (20.) auf.

Anvisierte ♀♀ zeigen Ausdruck von Unterwürfigkeit, z. T. mit Präsentieren, was Alpha evtl. zu einer Begattung veranlaßt.

Da einerseits die Mimik dieselbe ist wie beim sexuellen Anvisieren, aber anderseits Imponierendes Schwanzaufrichten dazugehört und das Ganze sehr häufig vor und nach Jagen (20.) auftritt, komme ich zu der Vermutung, daß Imponierendes Anvisieren sowohl sexuell als auch imponiermäßig motiviert ist. Weiteres siehe Imponierjagen (20.).

20. Imponierjagen

Elemente: *Imponierjagen:* Verfolgen eines ♀, alternierend mit Imponierendem Anvisieren. Manchmal kommt *Fellsträuben* dazu.

Wie vorhin ist Alpha der wichtigste Aktor. Es gibt alle Übergänge vom schrittweisen Nähergehen („Stalking", Shirek-Ellefson, 1967) bis zum vehementen Nachrennen. Im Imponierjagen sind oft kleine Imponiertechniken eingeschaltet wie Poltern auf Brettern oder Schleifen mit den Händen (auch auf Brettern, vor allem wenn Sägemehl oder Futter darauf ist). Das Anhalten besteht meistens in einem Imponierstop. Bei langsamer Annäherung bleiben die Ausdruckselemente des Imponierenden Anvisierens erhalten, beim richtigen Jagen dagegen nicht mehr. Der Aktor verfolgt ein ♀ meist nur kurz und ohne Tendenz, es zu fangen. Dann visiert er ein neues an und verfolgt dieses. Manchmal wird auch ein ♀ gefangen und leicht gebissen; selten wird auch ein einzelnes ♀ über lange Zeit (bis etwa eine Minute) gejagt. Bei längeren Jagden ist die Wahrscheinlichkeit, daß Alpha bei Gelegenheit zupackt, eher geringer als bei kurzen Jagden.

Imponierjagen tritt nur im Zusammenhang mit Imponierendem Anvisieren auf (s. 19.). Alpha jagt vorwiegend jüngere und rangniedere ♀♀, nie brünftige und nie das Alpha-♀. Auch wenn ein anvisiertes ♀ präsentiert, so beginnt er nie, es zu jagen.

Im Unterschied zum Anvisieren kommt beim Jagen noch eine zusätzliche aggressive Komponente zum Ausdruck.

ANHANG

21. Spannungs-Gähnen

Elemente: *Gähnen:* Mund kurz maximal Aufsperren und wieder Schließen. Beim Aufsperren werden die Zähne völlig entblößt. *Augenschließen:* Schließen der Augen kurz bevor der Mund maximal geöffnet ist. Beim Schließen des Mundes werden die Augen wieder geöffnet.

Formal ist das Spannungs-Gähnen vom übrigen Gähnen nicht unterscheidbar.

Das Spannungs-Gähnen Alphas tritt meistens in folgender Sequenz auf: Nachdem ein inferiores ♂ initiativ mit Alpha so Kontakt aufnehmen konnte, daß dieser Mimen zeigte, geht Alpha mit imponierend aufgerichtetem Schwanz etwa einen halben bis zwei Meter weg, setzt sich und gähnt. Das Gähnen ist völlig ungerichtet und wird vom inferioren ♂ meistens gar nicht mehr bemerkt. Manchmal erfolgt dieselbe Sequenz oder Gähnen allein nach einem vergeblichen Inspektionsversuch an einem ♀ oder nach einer gerichteten Imponierleistung wie Imponierbegatten, Imponierjagen usw.

Alpha und zwei andere ♂♂ gähnen häufig, wenn der Wärter im Gehege und in ihrer Nähe ist.

Eine Wirkung auf ein anderes Ind. konnte ich nie feststellen.

Wenn das Gähnen in den beschriebenen gespannten und „inadäquaten" Situationen auftritt, so tritt es wohl im „Übersprung" auf. Einiges deutet darauf hin, daß Spannungs-Gähnen arttypisch ist: Nebst den Basler Ind. zeigte auch ein ♂ (damals Alpha) der Rapperswiler Gruppe Ansätze dazu. Ebenso beobachtete GOUSTARD (1961) beim Alpha-♂ seiner Gruppe Gähnen gegenüber Besuchern und nach sozialen Frustrationen. Es tritt auch in Freiheit auf (CHIANG, pers. Mitt.), und zwar wiederum vor allem gegenüber Menschen. So ist es wahrscheinlich, daß Spannungs-Gähnen eine ritualisierte Imponierform ist, die ursprünglich gegenüber Artfeinden, zumindest in Gefangenschaft aber auch innerartlich auftritt. Es ist aber weit entfernt vom gerichteten Droh-Gähnen, wie es z. B. die Paviane zeigen (HALL und DE VORE, 1965).

Abb. 5. Ängstliche Variante des Drohens des Inferioren (39.), hier durch ein ♀ gegenüber einem paarungslustigen ♂

C. Ausdruck der positiv-sozialen Kontaktbereitschaft

ALLGEMEINES

Eine Ausdrucksform ist besonders kennzeichnend für die positiv-soziale Kontaktbereitschaft: Die soziale Hautpflege als ritualisiertes soziales Komfortverhalten. Das sogenannte „Lausen", die Tätigkeit der sozialen Hautpflege, soll im weiteren einfach „Pflegen" heißen („grooming", ZUCKERMAN, 1932; YERKES, 1933; EWING, 1935). Dazu kommen Ausdrucksformen, die formal aus dem Sexual- und Bemutterungsbereich stammen, (wahrscheinlich aus letzterem stammt ursprünglich auch das Pflegen), Zurückziehen der Kopfhaut und Schmatzen als mimische Elemente und schließlich noch spezifische grunzähnliche Vokalisationen.

Alle hier behandelten Ausdrucksformen sind gerichtet und werden von dominanten und inferioren Ind. ausgeführt. Sie dienen der Herstellung und Erhaltung eines positiven sozialen Kontaktes. Vom Pflegen beim Guereza schreiben SCHENKEL und SCHENKEL-HULLIGER (1967): "As in many other primate species, social grooming is the ritual that expresses and confirms the bond of intimacy."

Die bestimmende Motivation ist jeweils die positiv-soziale Kontaktbereitschaft, d. h. grundsätzlich die Tendenz zum friedlichen Zusammensein.

Manche der hier besprochenen Ausdrucksformen erscheinen auch im Sexual- und Bemutterungs-Verhalten (vgl. dort).

Schema 3

Die wichtigsten Verbindungen (zeitlich unmittelbare Aufeinanderfolge) der Ausdrucksformen im Bereich der positiv-sozialen Kontaktbereitschaft

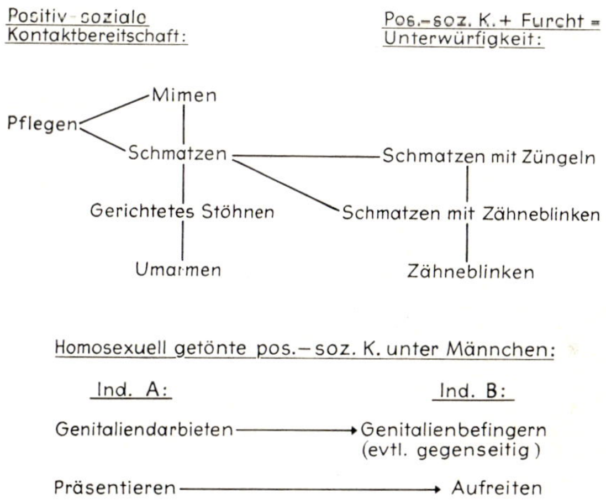

22. Mimen (Abb. 6, Fig. 4)

„Pucker face" (SHIREK-ELLEFSON, 1967)

Elemente: *Fixieren, Zurückziehen der Kopfhaut:* Die ganze Haut über dem Gehirnschädel nach hinten ziehen. Die Augenbrauen werden nicht nur wie beim Brauenheben am Brauenwulst hochgezogen, sondern noch weiter bis auf die Stirn zurückgezogen, *Ohrenanlegen:* Mit dem Zurückziehen der Kopfhaut gekoppelt. Ergänzend kann auftreten: *Mundspitzen:* Leichtes Vorziehen der Lippen. Intentionsbewegung zum Schmatzen.

Mimen allein, nicht als Komponente einer anderen Ausdrucksform (im folgenden), tritt in verschiedenen Situationen auf. ♀♀ zeigen es z. B. sehr oft bei Kontakten mit Kleinen, oft schon nur beim Betrachten von Kleinen. Zwischen adulten Ind. tritt es allgemein beim Zusammenschluß zu Pflege- und Ruhegruppen auf, nicht selten auch beim Aneinander-Vorbeigehen. Dominante Ind. zeigen es häufiger als inferiore.

Mimen fördert auffällig die Kontaktbereitschaft und bewirkt bei inferioren Rezeptoren damit auch ein Schwinden der (kontakthemmenden) Furcht. Aber es fördert nicht nur die Kontaktbereitschaft, es ist zugleich auch deren Ausdruck. Der Aktor tendiert beim freundlichen Mimen zur Kontakt-

Abb. 6. Das mittlere ♀ zeigt Mimen (22.) zum Säugling der Nachbarin. Das ♀ hinten ist beim Pflegen (27.) und führt mit der Hand gerade etwas zum Mund

aufnahme mit dem Rezeptor, wenn auch gelegentlich nur zum mimischen Kontakt über eine gewisse Distanz hinweg.

23. Schmatzen (Fig. 4)

„True lip-smacking face" (VAN HOOFF, 1967)
„Lip-smacking" (SHIREK-ELLEFSON, 1967)

Elemente: *Fixieren, Schmatzen:* Bei spitzem Mund rhythmisches Öffnen und Schließen der Lippen. Der Unterkiefer bewegt sich mit, und das Loslösen der Zunge vom Gaumen bewirkt jedesmal einen Schmatzlaut. Die Zungenspitze kann bei offenen Lippen jeweils rasch erscheinen, die Zähne aber bleiben unsichtbar. Bei intensivem Schmatzen können hinzutreten: *Vorstrecken des Kopfes, Zurückziehen der Kopfhaut, Ohrenanlegen:* Mit dem Zurückziehen der Kopfhaut gekoppelt.

Meistens ist Schmatzen von Mimen begleitet, und oft entsteht es auch daraus.

Beim Schmatzen ist die soziale Kontaktbereitschaft allgemein größer als beim Mimen, im übrigen gilt alles über das Mimen Gesagte auch für das Schmatzen.

24. Gerichtetes Stöhnen (mit Mimen)

Elemente: *Fixieren, Zurückziehen der Kopfhaut, Ohrenanlegen:* Mit dem Zurückziehen der Kopfhaut gekoppelt, *Stöhnen:* Stimmhaftes „Grunzen" fast ohne „r", etwa „öh". Der Mund ist leicht offen, die Lippen sind etwas vorgestülpt. Oft kommt dazu: *Vorstrecken des Kopfes.*

Gerichtetes Stöhnen tritt am häufigsten auf beim Zusammenschluß von Pflege- und Ruhegruppen, oder bei Umgruppierungen innerhalb solcher. Selten betrifft es spielerische Kontakte von adulten ♀♀ mit Jungen.

Gerichtetes Stöhnen stellt die reinste und intensivste Ausdrucksform der positiv-sozialen Tendenz dar.

25. Ritualisiertes Umarmen (mit Mimen)

Elemente: *Zurückziehen der Kopfhaut, Ohrenanlegen:* Mit dem Zurückziehen der Kopfhaut gekoppelt, *Umarmen:* Umfassen des Rezeptors mit beiden Armen, evtl. nur mit einem Arm. Die Hände greifen meistens ins Fell. Umarmen erfolgt stets im Sitzen. Zusätzlich können auftreten: *Fixieren, Vorstrecken des Kopfes, Mundspitzen, Schmatzen, Stöhnen.*

Hier wird nur das ritualisierte Umarmen unter adulten ♀♀ behandelt. Umarmen, das z. B. bei Kälte zum besseren Zusammenhalt ruhender Ind. auftritt, gehört nicht hierher. Zum bemutternden Umarmen siehe 58.

Beim Umarmen sitzen zwei Ind. einander mehr oder weniger frontal mit Körperkontakt gegenüber. Dabei sind die Köpfe oft ähnlich wie bei der „Accolade“ nebeneinander, oder der Rezeptor hat den Kopf unter demjenigen des Aktors, daher ist ein Fixieren meist unmöglich. Dementsprechend sind Vorstrecken des Kopfes und Mundspitzen weniger häufig. Dagegen erfolgen Schmatzen und Stöhnen im Zusammenhang mit Umarmen häufig auch ohne die Möglichkeit des Fixierens. Das Umarmen selbst geschieht je nach Position mit beiden Armen ungefähr gleich (wenn der Rezeptor genau frontal gegenübersitzt), oder es umarmt nur ein Arm richtig, wobei der andere Arm sogar völlig fernbleiben kann. Das Umarmen dauert fast immer länger als die es begleitenden Ausdruckselemente, nämlich bis zu etwa einer Minute. Vor allem ein ♀ der Basler Gruppe zeigt Umarmen relativ häufig, sonst ist es nur sporadisch zu beobachten.

Ritualisiertes Umarmen tritt nur beim Zusammenschluß zu einer Ruhe- oder Pflegegruppe auf. Es umarmt stets das dominante Ind. das inferiore. Das inferiore sitzt still und beginnt meistens früher oder später das dominante zu pflegen, wobei dessen Umarmung in der Regel gelöst werden muß. Da dem eigentlichen Umarmen meistens Stöhnen oder Schmatzen vorausgeht, zeigt der Rezeptor keine Furcht mehr, wenn er umarmt wird.

Der Aktor erreicht durch Umarmen eine kontaktfördernde Wirkung, die einem Zwang nahekommt.

Die Motivation ist sicherlich eine intensive soziale Kontaktbereitschaft. Umarmen ist ursprünglich und meistens auch aktuell eine bemutternde Verhaltensweise. Im besprochenen Fall ist somit diese Verhaltensweise der Mutter-Rolle zum Ausdruck der positiv-sozialen Kontaktbereitschaft ritualisiert.

Die Szene des Pflegens

Die Pflegeszene ist die tragende Szene der intimen sozialen Verbundenheit. Ursprünglich ist das Pflegen ein Reinigen des Kindes durch die Mutter. Aktuell aber dient es meistens der Aufnahme und Aufrechterhaltung eines positiven Kontaktes unter einander eng vertrauten Individuen. Vor allem soziale Faktoren bestimmen die Auslösung des Pflegens, und dementsprechend ist die Reinigungsfunktion unbedeutend geworden. Die Form des Pflegens, die Vertrautheit der Partner und die fast immer zur Einleitung des Pflegens oder während Unterbrüchen auftretenden mimischen Ausdrucksleistungen, wie Mimen und Schmatzen, zeigen, daß die Motivation in den Bereich der positiv-sozialen Kontaktbereitschaft gehört. Beim Pflegen ist meistens eine deutliche Rollenverteilung zu beobachten: Das eine Ind. pflegt aktiv, das andere hält passiv hin (rezeptives Posieren). Es kommt aber auch vor, daß zwei Ind. simultan einander gegenseitig pflegen oder daß ein Ind., welches gepflegt wird, gleichzeitig ein drittes pflegt. Durch initiatives Posieren kann ein Ind. den Partner zum Pflegen auffordern.

26. Posieren

Elemente: *Sitzend Posieren:* Vor dem Rezeptor sitzen und warten, bis dieser zu pflegen beginnt, bzw. stillhalten, während dieser pflegt. Der Blick ist vom Rezeptor abgewendet.

Beim initiativen Sitzend Posieren wird meist entweder der Nacken oder die Brust dargeboten. Beim Brustdarbieten sitzt der Aktor frontal, ziemlich aufgerichtet vor dem Rezeptor und hat den Kopf nach hinten und evtl. auch etwas zur Seite gelegt.

Abb. 7. Drei ♀♀ pflegen (27.) ein viertes, welches liegend posiert (26.)

Sitzend Posieren ist die häufigste Form des Posierens,

oder: *Liegend Posieren* (Abb. 7): Vor dem Rezeptor liegen und warten, bis dieser zu pflegen beginnt, bzw. stillhalten, während dieser pflegt. Der Blick ist vom Rezeptor abgewendet,

oder: *Stehend Posieren:* Vor dem Rezeptor stehen und warten, bis dieser zu pflegen beginnt, bzw. stillhalten, während dieser pflegt. Der Blick ist vom Rezeptor abgewendet.

Beim Stehend Posieren steht der Aktor meist breitbeinig quer vor dem Rezeptor. Er macht gerne ein hohles Kreuz. Manchmal ist auch die Analregion dem Rezeptor zugewendet, wobei im Gegensatz zum Präsentieren jegliche mimischen Ausdruckselemente fehlen und der Schwanz eher selten aufgerichtet wird,

oder: *Halbstehend Posieren:* Vor dem Rezeptor stehen mit Becken hoch (Beine ziemlich oder ganz gestreckt), Brust und Kinn am Boden (Arme völlig eingeknickt) und warten, bis der Rezeptor zu pflegen beginnt, bzw. stillhalten, während dieser pflegt. Der Blick ist vom Rezeptor abgewendet.

Initiatives Posieren ist ein ausgeprägt spontanes Verhalten und tritt vor allem beim Zusammenkommen zweier oder mehrerer Ind. auf. In einer schon bestehenden Gruppe kann ein Ind. gelegentlich während einer Pflege-Pause initiativ posieren.

Initiatives Posieren löst in etwa vier Fünfteln der Fälle beim Rezeptor Pflegen aus. Meist beginnt der Rezeptor am dargebotenen, ihm nächsten Körperteil des Posierenden zu pflegen. Beim Halbstehend, quer vor dem Rezeptor Posieren wäre das z. B. der Rücken, beim Darbieten der Analregion die Analregion oder ein Oberschenkel, usw. Beginnt der Rezeptor nicht zu pflegen, so versucht der Aktor oft andere Stellungen oder er rückt näher; manchmal geht er weg oder beginnt seinerseits den ursprünglichen Rezeptor zu pflegen.

In der überwiegenden Mehrheit der Fälle dominiert der initiativ posierende Aktor über den Rezeptor. Ist der Aktor inferior, so zeigt er beim Posieren keinerlei Anzeichen von Furcht.

Die Motivation des initiativen Posierens ist eine positiv-soziale Kontaktbereitschaft, was schon aus der Annäherung, die überdies gelegentlich von Mimen begleitet ist, hervorgeht. Diese positiv-soziale Kontaktbereitschaft ist aber spezifisch: bei ihr wird auch vom Rezeptor ein aktiver Ausdruck seiner Kontaktbereitschaft erwartet. Zudem ist Posieren auch Ausdruck der Inanspruchnahme eines Vorrechts in der Rollenverteilung: Der Rezeptor soll pflegen; Grundlage dieser Forderung sind meistens Dominanz, bei inferioren Aktoren Wunden, Besitz eines Säuglings, oder bei Jungen die Tatsache, ein (begehrtes) Junges zu sein. Bei inferioren Aktoren beruht die Inanspruchnahme des Vorrechts gepflegt zu werden weitgehend auf Erfahrung.

Eine für sich selbst sprechende Einzelbeobachtung sei angefügt: Ein inferiores ♂ pflegt ein dominantes. Da hört es auf und posiert halbstehend. Das dominante erhebt sich — und posiert vor dem inferioren, ebenfalls halbstehend, worauf dieses wieder zu pflegen beginnt.

Rezeptives Posieren kann aus initiativem hervorgehen, wenn der Adressat zu pflegen beginnt, oder es kann als Reaktion auf die Pflege-Initiative eines anderen Ind. auftreten.

Es ermöglicht das Pflegen, der rezeptiv Posierende akzeptiert demonstrativ das Pflegen des Partners und fördert so auch seinerseits den positiv sozialen Kontakt und erhält ihn aufrecht.

Die Motivation ist dieselbe wie beim initiativen Posieren, nur fehlt die Spontaneität.

27. Pflegen (Abb. 4, 6, 7, 8, 9)

Elemente: *Pflegen:* Dem Rezeptor Fell und Haut durchsuchen und Partikel daraus fressen. Meist streicht eine Hand (Streichhand) durchs Fell, während die andere (Pickhand) die Partikel aufnimmt und zum Mund führt oder die Haare so hält, daß die Partikel mit der Zunge bzw. den Lippen abgelesen werden können. Oft arbeitet die Pickhand auch alleine.

Zum Pflegen können hinzutreten: *Mundspitzen* und *Schmatzen.* Schließlich sind noch zwei besondere Varianten des Pflegens zu erwähnen: *Leeres Schlagen:* Mit der Pickhand nach unten ins Leere schlagen, *Klopfen:* Mit der Pickhand hörbar, flach auf die in Durchsuchung befindliche Stelle schlagen.

Die Tätigkeit der Streichhand variiert wenig: Sie fährt mit der ulnaren Kante voran dem Haarstrich entgegen durchs Fell und hält dann die Haare so umgebogen, daß die untersuchte Stelle (Haut oder Haare) zum Ablesen der Partikel frei ist (Abb. 8).

Bei intensivem Suchen nach einer geeigneten Stelle kann auch die zweite Hand mithelfen, sie streicht dann mit dem Daumen voran durchs Fell. Öfters sitzt der Aktor so, daß er die Streichbewegungen auf sich zu machen muß. In diesem Falle durchkämmen meistens beide Hände abwechselnd das Fell, oder es werden Greifbewegungen angedeutet.

Beim Pflegen um die Augen herum, allgemein im Gesicht, an Ohren, Händen und Füßen, unterbleibt das Streichen stets (mehr oder weniger nackte Haut). Eine Hand greift und hält das untersuchte Organ (bei den Augen wird meistens der Brauenwulst gefaßt), während die andere als Pickhand fungiert.

Die Arbeit der Pickhand umfaßt drei Typen von Tätigkeiten: 1. Fassen von Haaren, meist eines einzelnen Haares nahe an dessen Spitze, und so vom Körper des Rezeptors weghalten, daß z. B. diejenigen Schuppen, die mehr oder weniger in der Mitte am Haar sind, mit dem Mund abgelesen werden können (Abb. 8). 2. Fassen der Haut, meist etwas zwicken, sodaß sich eine kleine Falte

Abb. 8. ♂ beim Pflegen (27.) eines ♀. Die Streichhand (rechts) hält die Haare zur Seite, während die Pickhand (links) mit Zeigefinger und Daumen einen kleinen Haarbüschel so faßt, daß mit dem Mund daran abgelesen werden kann

bildet. Von dieser Falte werden dann mit dem Mund Schuppen, Blutkrustenteile u. a. abgelesen. 3. Ablesen und zum Mund führen der erstrebten Partikel, in diesem Falle fast immer Partikel auf der Haut (Abb. 6).

Die Pickhand faßt Haare und Partikel nur mit Daumen und Zeigefinger (Abb. 8) (es sei denn, der Zeigefinger sei beschädigt), die Haut oft auch mit mehreren Fingern. Beim Pflegen von Wunden (Wundränder und Blutkrusten vor allem) wird die Streichhand meistens bald zur zweiten Pickhand und faßt die in Pflege befindliche Stelle, so daß sich eine kleine Falte bildet. Die erste Pickhand kann dasselbe tun oder ablesen. Bei länger dauerndem Pflegen (besonders von alten Wunden) beginnen sehr oft beide Hände auf kleinstem Raum zu „knübeln“, wobei dann zwischen den beiden Händen keine Arbeitsteilung mehr eingehalten wird.

Das Ablesen mit dem Mund geschieht meistens durch Zunge und Oberlippe, selten durch Ober- und Unterlippe, oder, nur von der Haut, mit den Zähnen (so können z. B. Blutkrustenstücke abgerissen werden). Gelegentlich werden ganze Haare ausgerissen und gefressen. Ziemlich oft, vor allem zu Beginn des Pflegens, schlägt die Pickhand rasch neben dem Rezeptor hinunter in die Luft (Leeres Schlagen). Dabei ist die Hand flexiert wie beim Ablesen und sie streift manchmal noch das Fell des Rezeptors. Die Schläge können einzeln oder in kurzen Serien von bis zu vier Schlägen ausgeführt werden. Hin und wieder, wenn sich ein Ind. zu einem anderen setzt, zeigt es Leeres Schlagen, ohne nachher zum Pflegen überzugehen. Ein eher seltener Spezialfall des Leeren Schlagens, den nicht alle Ind. zeigen, ist das Klopfen. Es ist gekoppelt mit intensivem Streichen. Es erfolgt ebenfalls oft in kurzen Serien von zwei bis vier Schlägen während und am Ende einer einzelnen Streichbewegung der andern Hand. Das Leere Schlagen dagegen kann auch von der alleine arbeitenden Pickhand ausgeführt werden.

Mundspitzen und Schmatzen sind sehr oft zu Beginn des Pflegens zu beobachten. Als Intentionsbewegung zum Ablesen tritt Mundspitzen auch während des Pflegens häufig auf. Nachdem ein Partikel in den Mund genommen worden ist, tritt regelmäßig Schmatzen auf, oft auch gerade vorher.

Gepflegt wird fast nur im Sitzen. Ganz selten wird kurz einhändig im Stehen gepflegt. Ausnahmsweise steht der Aktor nur auf den Füßen oder geht sogar ein paar Schritte, wenn er am Rücken eines stehenden oder langsam gehenden Rezeptors pflegt. Ein junges ♀ saß manchmal beim Pflegen von stehenden adulten ♀♀ auf deren Rücken. Junge werden von adulten ♀♀ gerne in folgender Position gepflegt: Sie sitzen zwischen den Beinen des ♀ und liegen mit dem Vorderkörper über einem Knie der Pflegenden (Abb. 9). Oft läßt sich beobachten, daß ein pflegendes Ind. eine Extremität des Rezeptors in eine ihm passende Lage verschiebt. Ziemlich häufig wird auch eine Extremität und vor allem der Schwanz zum Pflegen mit einer Hand hochgehalten.

Abb. 9. ♀ pflegt (27.) ein (fremdes) Junges auf eine typische Art: Das Junge liegt über einem Knie des ♀

Die Zeitdauer des Pflegens variiert außerordentlich. Ein einzelner Aktor kann ohne Unterbrechung bis gegen eine halbe Stunde pflegen. Im allgemeinen dauert das Pflegen aber etwa zwei bis fünf Minuten.

Einige Ind. zeigen häufig ein Scheinablesen mit dem Mund: An einem von der Pickhand gehaltenen Haar wird ein Tropfen Speichel angebracht, dieser Tropfen wird meistens durch mehrmaliges Zufügen von Speichel vergrößert und schließlich „abgelesen". Da oft dasselbe Haar mehrmals nacheinander behandelt wird und auch weil das Suchen mit Streichen dann wenig ausgeprägt ist, ist anzunehmen, daß zumindest in vielen Fällen, wo ein Haar eingespeichelt wird, kein Partikel vorhanden ist und abgelesen wird. Manchmal werden auch von bestimmten Ind. mehrere Haare zusammen als kleines Büschel behandelt.

Auslösung, Funktion und Motivation des Pflegens sind derart reichhaltig und auch eng mit den individuellen Beziehungen verknüpft, daß eine adäquate Darstellung im Rahmen dieser Arbeit unmöglich ist. Hier seien daher nur kurze Andeutungen gemacht.

Ich unterscheide 7 Kategorien von Situationen, in welchen Pflegen auftreten kann. Diese seien im folgenden einzeln nacheinander behandelt.

1. Pflegen beim Zusammenschluß zu Ruhegruppen. Meistens gehen Schmatzen und verwandte Ausdrucksleistungen voran. Es ist kennzeichnend für diesen Zusammenhang, daß das inferiore Ind. das dominante pflegt, unabhängig davon, wer kommt und wer schon sitzt. Das Pflegen vermittelt einen ersten, positiven körperlichen Kontakt und erleichtert dadurch sehr das enge Zusammensitzen.

Die Motivation ist primär eine Tendenz zum Ruhen in Gesellschaft mit anderen Ind., also eine Ruhe-Tendenz gekoppelt mit positiv-sozialer Kontaktbereitschaft.

Ausschlaggebend für das Pflegen ist aber eine leichte Furcht: Das inferiore Ind. wagt es nicht, auf Anhieb mit dem dominanten zusammenzusitzen. Mimische Kontakte und vor allem das Pflegen überbrücken diese Hemmungen.

2. Eigenständiges Pflegen. Am häufigsten — zumindest in Gefangenschaft — tritt Pflegen als eigenständige Aktivität auf. Im Gegensatz zum vorigen Fall wird hier nach Beginn fast ständig gepflegt. Initiatives Posieren ist häufig, es pflegen oft auch dominante Ind. Doch eine strikte Abgrenzung vom ersten Zusammenhang ist unmöglich, da die Ruhe-Tendenz in allen Graden und oft auch in der Zeit rasch schwankend auftreten kann. Bei den Aktoren handelt es sich vorwiegend um Weibchen.

Die Funktion des eigenständigen Pflegens besteht in einer taktilen, positiv-sozialen Kontaktnahme und dem Aufrechterhalten dieses Kontaktes über längere Zeit. In Freiheit trägt es vermutlich wesentlich zum Zusammenhalt der Gruppe bei.

Die maßgebliche Motivation ist hier die positiv-soziale Kontaktbereitschaft. Ob sie in den behandelten Zusammenhängen in der Form einer spezifischen Tendenz zum Pflegen vorliegt, ist schwer zu entscheiden. Daß es eine spezifische Tendenz zum Pflegen gibt, zeigen vor allem zwei Tatsachen: 1. Jedes adulte Ind. pflegt öfter aktiv und zeigt eine Appetenz danach. 2. Das Existieren eines formalisierten Selbstpflegens. — Andererseits ist die Tendenz zum Pflegen in folgender Hinsicht unspezifisch: Das appetitive Ind. strebt allgemein nach einem Pflegekontakt mit einem meist ausgewählten Partner, wobei es sehr oft nur oder mehr gepflegt wird als aktiv pflegt.

Es bleibt nichts anderes übrig, als zwei Nuancen voneinander zu trennen. Bei der ersten liegt eine spezifische Tendenz zum Pflegen vor, so daß das betreffende Ind. aktiv zu pflegen beginnt. Dies kann vermutlich auch durch Stimmungsübertragung in Verbindung mit einer bestehenden sozialen Attraktion ausgelöst werden. Ich denke da vor allem daran, daß eine kleine Pflege-Gruppe im allgemeinen sehr rasch anwächst. Auch das Posieren der Ind., die gepflegt werden, (vor allem Liegen und präsentierartige Stellungen), fördern wohl die Pflege-Tendenz. — Bei der zweiten Nuance steht wahrscheinlich die individuelle Attraktion im Vordergrund. Ein Ind. zeigt eine starke Tendenz zu einem positiv-sozialen Kontakt mit einem ganz bestimmten anderen Individuum (häufig Mutter gegenüber erwachsener Tochter). Dabei bleibt auf die Dauer nichts anderes übrig als der Pflege-Kontakt. Bei Jungtieren würde aus derselben Ausgangsmotivation Spiel resultieren.

3. Pflegen von Säuglingen durch die Mutter. Es ist wenig ritualisiert und gehört zum Bemutterungsverhalten.

4. Pflegen von Müttern mit Säuglingen. Gerne gesellen sich ♀♀ zu Müttern mit Säuglingen, nehmen — evtl. versuchen sie es vergeblich oder gar nicht — Kontakt auf mit dem Kleinen und beginnen dann, ohne Rücksicht auf die Rangordnung, die Mutter zu pflegen. Das einzige Mal, als GOUSTARD (1961) beobachtete, wie ein dominantes ♀ ein inferiores pflegte, hatte das inferiore ein Junges am Bauch. Eine Mutter mit Säugling bildet oft den Ausgangspunkt und den Kern einer größeren Pflege-Gruppe.

Die Motivation des Pflegens im beschriebenen Zusammenhang ist wohl eine Bemutterungstendenz gegenüber dem fremden Säugling. Die Mutter wird bis zu einem gewissen Grad als Ersatz für den unzugänglichen Säugling gepflegt.

5. Pflegen von verletzten und kranken Individuen. Bei Verletzten beruht die Attraktion wohl vor allem auf den Wunden selbst, bei den Kranken auf dem passiven Herumsitzen. Leicht verletzte Ind. posieren oft initiativ und halten dabei dem Partner die Wunde präzis vor die Augen. Die Wundpflege tritt oft hypertrophiert auf — Wunden heilen durch übermäßiges Daranherumlaborieren, vor allem Wegzupfen von Gewebeteilen und koaguliertem Blut, langsamer — doch ist eine Reinigung unbestreitbar und für den Verletzten bis zu einem gewissen Grad von Nutzen. Doch auch hier ist Pflegen Ausdruck einer positiv-sozialen Tendenz, die sich auf das Ind. als Ganzes bezieht und durch die Umstände modifiziert wird.

6. Pflegen unter Sexualpartnern. Nach einer Paarung (Imponierbegattung ausgenommen) mit einem einigermaßen adulten ♂ beginnt das ♀ sehr oft das ♂ zu pflegen. Nicht selten posiert das ♂ zuerst. Aber regelmäßig tritt Pflegen nur innerhalb eines Paares auf, das meistens aus dem Alpha-♂ und einem brünftigen ♀ besteht. Bei einem solchen Paar beginnt das ♀ nach einer Paarung regelmäßig das ♂ zu pflegen. Überhaupt sitzt das Paar viel zusammen, wobei von beiden Teilen sehr ausgiebig gepflegt wird.

Im sexuellen Zusammenhang dient das Pflegen der Fortführung des (primär sexuellen) positiven Sozialkontaktes und dessen Aufrechterhaltung über längere Zeit. FURUYA (1957) beobachtete bei *Macaca fuscata,* wie ein paarungslustiges ♀ einen Einzelgänger durch intensives Pflegen mehrmals nacheinander am Weggehen hindern konnte. Die Motivation ist eine sexuell getönte soziale Kontaktbereitschaft.

7. Pflegen nach Auseinandersetzungen. Schon während eines Streites zwischen zwei Ind. (allfällige weitere sich beteiligende Ind. lasse ich hier außer acht) zeigt das inferiore Ind. oft nicht nur Elemente der Furcht und Aggressivität, sondern auch der positiv-sozialen Kontaktbereitschaft. Dann, sobald das dominante Ind. stillsteht oder sich sogar setzt, aber vielleicht noch droht, nähert sich das inferiore nicht selten, wobei der Ausdruck der positiv-sozialen

Kontaktbereitschaft gegenüber demjenigen der Furcht zu überwiegen beginnt. Wenn nun das dominante Ind. mimt, schmatzt und vielleicht auch posiert, so eilt das inferiore Ind. meistens zu ihm hin und beginnt es zu pflegen. Manchmal liegt die Initiative auf Seiten des dominanten Ind.: z. B. wenn das inferiore keine Tendenz zur Annäherung und auch sonst keine positiv-soziale Kontaktbereitschaft äußert, so kann das dominante Ind. das inferiore gelegentlich durch Mimen, Schmatzen und Posieren zu sich locken. Dagegen konnte ich in diesem Zusammenhang nie beobachten, daß sich das dominante Ind. zum inferioren begab. Doch in andern Fällen kommt dies vor. Nämlich wenn das dominante Ind. ein ♂ ist (nicht Alpha), das von inferioren Ind. beiderlei Geschlechts durch offensives Keifen oder Verkreischen belästigt wurde. Nachdem sich das inferiore, initiative Ind. beruhigt hat, geht das dominante ♂ gelegentlich mimend zu ihm hin und posiert. Ist das inferiore Ind. ein ♀, so kann eine Begattung oder Inspektion dem Pflege-Kontakt vorangehen.

Die Funktion des Pflegens nach Auseinandersetzungen ist eine „Versöhnung", das Aufheben und Ersetzen jeder agonistischen Tendenz durch einen positiv-sozialen Kontakt.

Der zugrundeliegende Motivationswandel ist verschieden, je nachdem, ob der Aktor dominant oder inferior ist. Vereinfacht: Beim dominanten Ind. wechselt Aggressivität zu positiv-sozialer Kontaktbereitschaft, beim inferioren Furcht zu positiv-sozialer Kontaktbereitschaft über. Die Tatsache, daß die positiv-soziale Kontaktbereitschaft nach dem Streit so rasch manifestiert wird, weist darauf hin, daß letztere schon während der Auseinandersetzung vorhanden ist.

Manchmal ist sie dabei sogar schon deutlich wirksam, z. B. wenn inferiore Ind. sich schon frühzeitig dem Gegner nähern, wenn im Ausdruck entsprechende Elemente auftreten, wenn sich dominante Ind. ohne Einflüsse durch Drittindividuen in ihrer Aggression auf Verteidigung beschränken usw. Solche Erscheinungen sind typisch für dasjenige Ind., welches schließlich die Initiative zum Pflege-Kontakt ergreift. Beim Partner wird die positiv-soziale Kontaktbereitschaft meistens erst durch das Verhalten des initiativen Partners ausgelöst, und oft zeigt er überhaupt keine solche.

Beim Abklingen der Aggressivität bzw. der Furcht (des initiativen Ind.) bleibt die positiv-soziale Kontaktbereitschaft (auf Grund der stets bestehenden sozialen Attraktion) alleine übrig und wird durch den Anblick des ehemaligen Gegners verstärkt ... Typisch scheint mir ferner, daß das dominante Ind. beim Pflegen nach einem Streit immer auf dem Vorrecht des Gepflegtwerdens besteht. Ich deute dies als Nachwirkung der sonst für die Manifestation unterschwellig gewordenen Aggressivität. Letztere erschöpft sich nun in einer schwachen Manifestation der Dominanz.

In agonistischen Zusammenhängen treten manchmal auch vom Üblichen etwas abweichende Fälle von Pflegen auf. Ich meine alle die Fälle, wo ein dominantes Ind. ein pressendes (vgl. 37.) pflegt; wenn ein verfolgtes Ind., vor allem ein junges, in der Enge, oder allgemein nach dem Gepacktwerden, stumm preßt, so kommt es manchmal vor, daß der dominante Aggressor, wenn es sich um ein jüngeres Ind. oder Alpha handelt, das pressende Ind. zu pflegen beginnt. Das Pflegen ist meistens langsam und kurzfristig, evtl. springt der Pressende auch plötzlich weg. Alpha „pflegte" früher manchmal auch pressende adulte ♀♀, indem er ihnen Haare ausriß und diese fraß. Ganz selten zeigen auch ♀♀ solches Verhalten.

Dieses spezielle Pflegen vermittelt zwischen Aggression und dem Inruhelassen. Manchmal, wenn Jungtiere ihresgleichen so pflegen, kommt ein echt positiv-sozialer Kontakt zustande.

Die Motivation ist problematisch. Vermutlich löst das Pressen in den behandelten Fällen wegen seiner Ähnlichkeit mit dem Posieren eine Pflege-Tendenz aus, in der Art einer „Facilitation". Ist die Aggressivität von Anfang an klein, z. B. oft unter Jungen, oder wenn Alpha ein Kleines nur mit einer Hand packt, so wird durch Pressen vielleicht die ohnehin schwache Aggressivität aufgehoben, vielleicht ist sie auch in der Aggression selbst erschöpft, jedenfalls entsteht wohl eine echte positiv-soziale Kontaktbereitschaft. Bei Alpha ist sie wohl jeweils sehr schwach, denn er pflegt in solchen Fällen nur kurz und wenig intensiv. Unter Jungaffen kann intensives Pflegen auftreten, wobei der Rezeptor zu pressen aufhört und posiert, evtl. kann er mit der Zeit dazu übergehen, den Dominanten selbst zu pflegen.

Ist die Aggressivität größer, z. B. wenn Alpha ein adultes ♀ verfolgt, so wird sie von der durch das Pressen ausgelösten Pflege-Tendenz überlagert, und es resultiert ein hypertrophiertes Pflegen, das Rupfen.

Bei kleinerer und größerer Aggressivität ist anzunehmen, daß ständig auch eine leichte positiv-soziale Kontaktbereitschaft vorhanden ist, die einerseits intensive Aggression (richtiges Beißen usw.) verhütet, dann aber auch das Entstehen der Pflege-Tendenz erleichtert.

Nun noch einiges zu den Variationen des Pflegens.

Die Variationen der Bewegungsform sind, wie schon ausgeführt, zum größten Teil durch die äußeren Umstände bedingt (Position der beiden beteiligten Ind. zueinander, Art der gepflegten Körperstellen usw.).

Leeres Schlagen und Klopfen treten fast nur auf bei Beginn des Pflegens oder bei Neubeginn an einer anderen Körperstelle, und nur bei starker Motivation. Es macht den Anschein, daß die schon spezifisch fürs Pflegen gebahnte Energie in eine Hypertrophie der Suchbewegungen ausmündet, weil der adäquate Energieverbrauch durch das Ablesen noch nicht möglich ist.

Vor dem Pflegen und manchmal bei Beginn des Pflegens noch andauernd tritt häufig Schmatzen mit Zurückziehen der Kopfhaut auf, also Schmatzen als ganze Ausdrucksleistung. Entsprechend Mimen, evtl. mit Mundspitzen. Während des Pflegens wird nach jeder Aufnahme eines Partikels in den Mund geschmatzt, aber ohne Zurückziehen der Kopfhaut. Es kann auch schon unmittelbar vor Aufnahme der Partikel auftreten, ebenso Mundspitzen als Intentionsbewegung zum Schmatzen. Schmatzen nach Aufnahme eines Partikels hat wohl reine Gebrauchsfunktion und stellt die Art des Kostens eines äußerst kleinen Freßpartikels dar. Man denke zum Vergleich etwa ans Goutieren eines Weins beim Menschen. Das unmittelbar vor dem Ablesen auftretende Schmatzen ist wohl eine „Intentionsbewegung", die formal dieselbe ist wie die Gebrauchsaktion, aber leer abläuft.

Die Körperstelle, die gepflegt wird, deutet manchmal auf eine spezielle Motivation oder persönliche Beziehung hin. So pflegen Ind., die den Rezeptor sehr fürchten, ihn anfangs oft nur am Schwanz, wobei sie zum Rumpf des Rezeptors Abstand halten können. Bei „mittelstarker" Furcht werden Nacken und Rücken gepflegt. Geringe Furcht kommt im Ort des Pflegens nicht mehr zum Ausdruck.

Es muß aber betont werden, daß nicht jedes Schwanz-Pflegen und jedes Nacken- und Rücken-Pflegen auf Furcht als Teilmotivation beruht. Man kann also obige Regeln nicht umkehren. Das Pflegen mehr oder weniger nackter Hautpartien wie Gesicht, Ohren, Hände, Füße, weniger zuverlässig auch das Pflegen männlicher Genitalien, deuten auf große Vertrautheit zwischen Aktor und Rezeptor hin. Erleidet der Rezeptor beim Gepflegtwerden Schmerzen (Rupfen, brutale Wundpflege usw.), so kann er sich einfach abwenden; am häufigsten zuckt er, und manchmal zeigt er ein nur in diesem Zusammenhang auftretendes Verhalten: *Blockieren:* Er hält eine Hand an die schmerzende Stelle, so daß der Pflegende dort nicht mehr ohne weiteres zukommt. Dominante Pflegende ziehen allerdings eine solche Hand gerne beiseite, so daß dem Inferioren mit der Zeit nur noch sich abwenden übrig bleibt. Nur ganz selten verjagt oder beißt ein dominantes Ind. ein grob pflegendes inferiores.

Abb. 10. Aufreiten unter ♂♂ (51.): Alpha läßt sich von einem subadulten ♂ „begatten", ein noch jüngeres schaut interessiert zu

Zusammenfassung

Das Pflegen des Javaneraffen tritt in 7 verschiedenen Zusammenhängen auf, und seine wichtigsten Funktionen (wenigstens in Gefangenschaft) sind eine positiv-soziale Kontaktnahme und deren Aufrechterhaltung über längere Zeit. Somit ist Pflegen ein echtes Ausdrucksverhalten. Zumindest mit Hinweisen bestätigen dies sämtliche entsprechenden Untersuchungen an Cercopitheciden (Übersicht bei Sparks, 1967). Im Freileben dürfte auch eine Reinigungsfunktion von Bedeutung sein. Pflegen beruht meistens auf einer Motivation, die von einer allgemeinen positiv-sozialen Kontaktbereitschaft bis zur spezifischen Pflege-Tendenz schwankt. Daneben kann auch eine Bemutterungs- oder Paarungs-Tendenz zugrundeliegen. Schließlich ist auch Furcht als Teilmotivation recht häufig.

ANHANG

28. Ruckeln

Elemente: *Ruckeln:* Beim Zusammensitzen mit andern Ind. mit dem Oberkörper etwas auf- und ab-, evtl. auch vor- und zurückwiegen.

Von den beiden Ind., die Ruckeln am häufigsten zeigen, wiegt das ♂ fast nur auf und ab, das ♀ dagegen gleichzeitig auch vor und zurück. Oft kommt zum Ruckeln Mimen, Schmatzen oder Stöhnen hinzu.

Zum Ruckeln braucht es zwei Voraussetzungen (einen anderen Fall s. 58.): 1. Der Aktor hat eben an eine Ruhegruppe Anschluß gefunden, oder andere Ind. haben sich eben zu ihm gesetzt. 2. Der Aktor hat durch Austausch ein anderes Ind. in Körperkontakt vor sich sitzen.

Das Ruckeln tritt nun auf als „übertriebenes“ Sich-Zurechtsetzen. Die Partner nehmen auf das hin Ruhestellung ein bzw. verharren darin. Gelegentlich lassen sich noch Zeichen von sozialer Kontaktbereitschaft beobachten.

Als Motivation des Ruckelns läßt sich erschließen: eine positiv-soziale Kontaktbereitschaft zusammen mit einer Ruhetendenz oder „Behaglichkeit“.

29. Mundberiechen

Elemente: *Fixieren, Mundberiechen:* Die Nasenöffnungen möglichst nahe an den Mund des Rezeptors halten. Oft berühren sich die Lippen der beiden Individuen.

Der Rezeptor, dem Aktor gegenüber in den meisten Fällen inferior, reagiert ausweichend oder gar nicht, nie jedoch positiv. Meistens kaut er gerade Futter oder hat sonst etwas im Mund. In diesen Fällen stellt das Mundberiechen kein Ausdrucksverhalten, sondern ein Gebrauchsverhalten dar: Der Aktor erkundet durch Beriechen, was der Partner im Mund hat. Ein Ausdrucksverhalten aber ist es, wenn beim Rezeptor kein Gegenstand oder Geruch im Mund als Reiz zur Auslösung des Mundberiechens vorhanden ist. Solches Mundberiechen tritt in drei Situationen auf:

1. Der Aktor begegnet dem Rezeptor nach längerem Ausbleiben irgendwelchen Kontaktes mit diesem, z. B. wenn sich die beiden nach einem längeren Aufenthalt in verschiedenen Gehege-Abschnitten wieder treffen.

2. Der Aktor nähert sich interessiert einer Mutter mit Säugling, einem kranken oder verletzten Ind.. Dieser Partner reagiert nun aber nicht in der gewohnten positiven bis unterwürfigen Weise, sondern weicht mit dem Gesicht aus oder reagiert überhaupt nicht. In diesen Fällen folgt dem Mundberiechen oft Pflegen.

3. Der Aktor begegnet einem Rezeptor, der kurz vorher gebissen oder intensiv verfolgt worden ist (dies mit oder ohne Beteiligung des Aktors).

Das Mundberiechen ist recht aufdringlich und wird von dominanten Rezeptoren nur geduldet und von inferioren Aktoren nur ausgeführt, wenn zwischen den beiden Partnern eine sehr vertraute Beziehung besteht. Wie das Mundberiechen sogar indirekt als Belästigung wirken kann, soll die folgende Beobachtung illustrieren: Ein junges ♀ ist von einem adulten ♀ intensiv gebissen worden. Ein etwas älteres junges ♂ setzt sich zum jungen ♀ und beriecht dessen Mund (es dominiert über das junge ♀). Nun eilt die Mutter des jungen ♀, die in der Nähe saß, herbei und verjagt stumm drohend das junge ♂.

Die Motivation des Mundberiechens als Ausdrucksverhalten läßt sich bezeichnen als positiv-soziale Kontaktbereitschaft mit einer Tendenz zur Erkundung des Befindens des Rezeptors.

D. Ausdruck der Unterwürfigkeit

ALLGEMEINES

Die Ausdrucksformen der Unterwürfigkeit lassen sich in drei Gruppen ordnen:

1. Demonstrative Passivität (Erstarren, Pressen (KUMMER, 1957)) als schon ursprünglich unterwürfiges Verhalten.

2. Ängstliches Schwanzaufrichten, meistens im Zusammenhang mit Flucht oder Ausweichen, stammt wohl aus dem weiblichen Sexualverhalten („Sprödigkeits-Verhalten“ mit halb Präsentieren halb Fliehen).

3. Entblößen der Zähne, evtl. kombiniert mit Schmatzen, Schmatzen mit Züngeln, gicksartigen Lautgebungen, das sind alles Ausdrucksformen, die sich aus dem Kleinkind-Verhalten ableiten lassen.

Auslösend wirken Aggressionen dominanter Ind., Annäherungen solcher und überraschende Begegnungen mit ihnen. Die beiden Formen, die Schmatzen enthalten, treten auch auf als Reaktion auf Mimen, imponierendes oder sexuelles Anvisieren eines Dominanten. Sie können auch initiativ gezeigt werden, wenn der Aktor mit einem dominanten Partner Kontakt aufzunehmen sucht. Zähneblinken und kurzes Gicksen treten auch im männlichen Sexualverhalten auf.

Die Wirkung von Ausdrucksformen der Unterwürfigkeit, soweit erkennbar, besteht in der Förderung der sozialen Kontaktbereitschaft beim dominanten Rezeptor und dadurch evtl. in der Verdrängung dessen Aggressivität. Im letzteren Fall kann von „Beschwichtigung“ gesprochen werden.

Zur Erklärung der allgemeinen Funktion von Unterwürfigkeitsverhalten möchte ich SCHENKEL (1967) zitieren, der schreibt: „... Submission belongs to the behavioral equipment of species where individuals keep together on the basis of personal „love“ or intimacy and of hierarchical differentiation. Such species need a representative ritualized scene that confirms the tolerance-submission relationship.“

Unterwürfigkeit (Submissions-Tendenz) als Motivation umfaßt Anteile von Furcht und positiv-sozialer Kontaktbereitschaft. Die einzelnen Ausdrucksformen der Unterwürfigkeit unterscheiden sich nun sehr in den Proportionen und Intensitätsstufen der beiden Motivationskomponenten. Beim Erstarren z. B. ist die Gesamterregung gering und besteht überwiegend aus Furcht. Hierbei sei angemerkt: Furcht führt im Sozialbereich nicht nur zu Flucht und Intentionsbewegungen dazu, sondern auch zu Passivität, „cut-off“ (CHANCE, 1962) und verschiedenen artspezifischen Ausdrucksformen. Als zweites Beispiel sei das Zähneblinken mit Schmatzen erwähnt: Hier ist die Gesamterregung ziemlich groß, und sowohl Furcht als auch soziale Kontaktbereitschaft sind intensiv. Im übrigen seien aber die Motivationen bei der Besprechung der einzelnen Formen ausgeführt.

30. Erstarren

Elemente: *Erstarren:* Aus einer Beschäftigung heraus steif stillehalten. Fast stets im Sitzen. Es können hinzukommen: *Ohrenanlegen* und *Zähneblinken.*

Erstarren ist insgesamt selten. REYNOLDS (1965) hat dieses wenig beachtete Element meines Wissens als erster beim Rhesusaffen beschrieben und „freeze“ genannt.

Der Aktor kann im Pflegen, Fressen oder Bearbeiten eines Gegenstandes innehalten, wenn ein stark dominantes Ind. sehr nahe passiert oder sich für die Tätigkeit bzw. das Objekt des Aktors interessiert. Geschieht dies, so wartet der Aktor meist unbeweglich, bis der Dominante abzieht. Der Blick des Aktors ist mehrheitlich vom Dominanten abgewendet. Der Dominante kann sich ein Objekt, das der Erstarrte hält, ruhig ansehen und beriechen. In dieser Situation kann sich auch Mundberiechen anschließen. Der Dominante reagiert auf Erstarren nie mit Drohen. Gelegentlich läßt der Erstarrte einen Gegenstand fallen; dann eignet sich der Dominante diesen evtl. an.

Zusätzliches Zähneblinken ist ein Zeichen größerer Erregung.

31. Ängstliches Schwanzaufrichten (Abb. 11)

Elemente: *Ängstliches Schwanzaufrichten:* Schwanz aufrichten und aufrechthalten, evtl. mit Vornüberbiegen.

Im Unterschied zum Imponierenden Schwanzaufrichten kommt beim Ängstlichen Schwanzaufrichten der Schwanz nie sehr nahe zum Kopf und nimmt auch nie deutliche S-Form an. Es kann allein oder nur als ein Element unter anderen im Ausdruck der Unterwürfigkeit auftreten.

Flucht, wenn nicht sehr rasch, erfolgt fast immer mit aufgerichtetem Schwanz. Aber auch beim Vorbeigehen an dominanten Ind. und bei Begegnungen mit solchen wird der Schwanz sehr häufig aufgerichtet.

Es kann vorkommen, daß ein ♀ mit Ängstlichem Schwanzaufrichten beim dominanten ♂, welches dieses Verhalten auslöste, eine Tendenz zum Inspizieren bewirkt. Doch häufiger nähern sich bisher unbeteiligte junge ♂♂ mit derselben Tendenz. Das ♀ weicht in der Regel hartnäckig aus. In allen anderen Fällen dürfte das Ängstliche Schwanzaufrichten mehr vorbeugend wirken und andere Ind. in ihrer Bereitschaft, sich vom aggressiven Ind. „mitreißen“ zu lassen, hemmen.

Abb. 11. Subadultes ♂ beim Schmatzen mit Zähneblinken (35.). Die Zunge ist gerade eingezogen, der Schwanz ist ängstlich aufgerichtet, die geduckte Haltung zeigt Fluchtbereitschaft

Wie die enge Korrelation mit Fluchtverhalten zeigt, ist hier die Furcht die dominierende Motivation, die positiv-soziale Kontaktbereitschaft ist im Vergleich dazu unbedeutend.

32. Zähneblinken (Abb. 4, 12, Fig. 3)

„Angstschrei . . . ohne Lautgebung“ (Schloeth, 1956/57)

„Silent bared-teeth face“ (Van Hooff, 1967)

„Grimace“ (Shirek-Ellefson, 1967)

Elemente: *Zähneblinken:* Durch Zurückziehen der Mundwinkel und Lippen werden die Zähne entblößt. Die Kiefer bleiben ganz oder fast geschlossen. *Ohrenanlegen.* Fast immer wird der Partner fixiert. Zusammen mit Zähneblinken können vorkommen: *Ängstliches Schwanzaufrichten, Erstarren.*

Zähneblinken kann bei jeder Form eines Kontaktes mit einem dominanten Ind. auftreten. Es ist ein zuverlässiges Kriterium der Inferiorität (ausgenommen im Sexualbereich). Es erfolgt mit wenigen Ausnahmen gerichtet und nur, wenn das dominante Ind. den Aktor ansieht. Ausnahmen sind z. B. Begegnungen mit einem sehr dominanten Ind., ohne daß letzteres den Aktor beachtet, dann kann trotzdem Zähneblinken auftreten.

Zum Zähneblinken im Sexualbereich s. Kapitel „Ausdrucksverhalten der männlichen Sexualrolle".

33. Kurzes Gicksen

Relativ kurzer Schrei, ausgestoßen, wenn ein ♀ von einem ♂ bedroht wird (?) (GOUSTARD, 1963)
„Bared-teeth gecker face" (VAN HOOFF, 1967)

Elemente: Alle Elemente des Zähneblinkens, dazu: *Kurzes Gicksen:* Äußerung eines kurzen „ki" bis „kjü" oder „kä". Die Kiefer sind dabei leicht geöffnet.

Das Gicksen kann mehrfach, ohne Rhythmus, wiederholt werden, manchmal aber auch rhythmisch als Staccato-Serie. Ganz selten tritt es zusammen mit *Erstarren* auf.

Wie das Zähneblinken kann das Kurze Gicksen bei jeder Form des Kontaktes mit einem dominanten Ind. auftreten. Doch typisch ist es vor allem bei Überraschungen und in heiklen Situationen, wie z. B. wenn viele Ind. hetzen, wenn der Aktor keine gute Fluchtmöglichkeit hat, usw.

Staccato-Gicksen äußern vor allem Jungtiere, doch gelegentlich auch adulte ♀♀, die sich z. B. einem ♂ mit sexuellen Tendenzen entziehen.

Die Auslöse-Situationen zeigen: Kurzes Gicksen stellt eine intensivere Stufe des Zähneblinkens dar, es beruht auf etwas größerer Erregung. Oft, speziell bei Staccato-Gicksen, ist die Fluchttendenz auffallend gering und das Gesicht des Aktors ist dem Dominanten zugewendet. In diesen Fällen dürfte die positive Motivations-Komponente besonders intensiv sein.

Zum kurzen Gicksen im Sexualbereich siehe Kapitel „Ausdrucksverhalten der männlichen Sexualrolle".

Abb. 12. Alpha beim Paarungs-Zähneblinken (32.)

34. Anhaltendes Gicksen

Elemente: Alle Elemente des Zähneblinkens, dazu: *Anhaltendes Gicksen:* Anhaltende Äußerung eines „iii-". Die Kiefer sind dabei geöffnet.

Es gibt alle Übergänge zum Kreischen.

Bei intensivem anhaltendem Gicksen nähern sich Wirkung und Motivation den Verhältnissen beim Kreischen. Es kommt also vor allem der Appell an Drittind. um Unterstützung dazu.

35. Schmatzen mit Zähneblinken (Abb. 11)

„Teeth-chattering face" (VAN HOOFF, 1967)

Elemente: *Fixieren, Zurückziehen der Kopfhaut:* Schwach, *Ohrenanlegen:* Mit dem Zurückziehen der Kopfhaut gekoppelt, *Lidsenken:* Schwach, *Zähneblinken, Schmatzen.* Zusätzlich können auftreten: *Vorstrecken des Kopfes, Ängstliches Schwanzaufrichten, Züngeln.*

Weil die Zähne entblößt sind, sind auch die Zungenbewegungen des normalen Schmatzens (23.) sichtbar. Schmatzen mit Zähneblinken ist nebst dem Ängstlichen Schwanzaufrichten die häufigste Ausdrucksform der Unterwürfigkeit.

Sowohl Furcht als auch positiv-soziale Kontaktbereitschaft sind intensiv.

36. Schmatzen mit Züngeln

„Unterwürfiges Kontaktsuchen ...
mit rhythmischem Vorstrecken der Zungenspitze" (SCHLOETH, 1956/57)
„Tongue-smacking face" (VAN HOOFF, 1967)

Elemente: *Fixieren, Zurückziehen der Kopfhaut:* Schwach, *Ohrenanlegen:* Mit dem Zurückziehen der Kopfhaut gekoppelt, *Lidsenken:* Schwach, *Züngeln:* Beim Schmatzen die Zunge rhythmisch und deutlich herausstrecken. Meistens erfolgt auch *Vorstrecken des Kopfes.*

Es gibt Übergänge zwischen Schmatzen mit Züngeln und Schmatzen mit Zähneblinken. Vermutlich zeigen nicht alle Ind. dieselbe Variante bei entsprechender Motivation; zumindest bei objektiv sehr ähnlicher Situation werden individuell regelmäßig verschiedene Formen geäußert. Manche Ind. zeigen auch bei genügend Gelegenheiten anscheinend nie Schmatzen mit Züngeln. Generell scheint jedoch beim Schmatzen mit Züngeln die Gesamterregung, und im Speziellen die Furcht, geringer zu sein als beim Schmatzen mit Zähneblinken.

37. Stummes Pressen

Elemente: *Pressen:* Mit angezogenen Gliedmaßen steif, flach bäuchlings am Boden liegen, *Ohrenanlegen.*

Dem Pressen am Boden entspricht krampfhaftes sich Festhalten im Geäst oder am Gitter, beides eher seltene Fälle im Zoo.

Pressen tritt auf, wenn ein Javaneraffe der Aggression eines oder mehrerer dominanter Ind. rettungslos ausgeliefert ist: Wenn er in die Enge getrieben oder nach langer Flucht erschöpft ist, und vor allem wenn er festgehalten und evtl. bereits verbissen wird. Beißt der Aggressor nicht oder noch nicht zu, so blinkt der Pressende meistens mit den Zähnen, und dabei hat er auch die Kopfhaut zurückgezogen.

Beim Pressen ist die aggressionshemmende Wirkung am deutlichsten. Aber auch hier ist die Hemmung eigentlich schwach. Ich sah z. B. mehrfach, wie stumm pressende Ind. blutig gebissen wurden. Auch hier kommt es eben wieder sehr auf die persönliche Beziehung der Beteiligten an. Auf eine stärkere

Hemmung hin deuten dagegen diejenigen Fälle, wo Pflegen und Ähnliches auftritt. Beispielsweise ist folgende Szene nicht selten zu beobachten: Alpha packt von Hand ein Kleines, dieses preßt stumm, (Junge neigen viel rascher zum Pressen als Adulte), Alpha beginnt es am Rücken zu pflegen — hört auf, das Kleine springt weg (28.7.).

Stummes Pressen ist die Ausdrucksform extremer passiver Unterwürfigkeit. Durch Erfahrung wird die Bereitschaft dazu stark modifiziert.

ANHANG

38. Ignorieren (von Hetzen und ähnlichem)

Elemente: *Wegblicken:* Der Blick wird streng vom hetzenden (seltener drohenden, offensiv keifenden oder verkreischenden) Ind. abgewendet.

Es lassen sich zwei Formen des Ignorierens einer Drohung unterscheiden: 1. Die Drohung erfolgt aus größerer Distanz: Der Aktor sitzt oder steht ruhig und schaut weg. Nur selten zeigt er die Zähne. 2. Die Drohung erfolgt aus nächster Nähe: Der Aktor wendet sich mit dem ganzen Körper vom hetzenden Ind. ab und weicht evtl. auch etwas aus, hierbei ist Zähneblinken häufiger.

Im allgemeinen gibt der Aggressor seine Aggression gegenüber einem ignorierenden Ind. bald auf. Der Aktor kann dem Aggressor gegenüber sowohl dominant als auch inferior sein. ♂♂, vor allem jüngere, ignorieren recht oft das Hetzen inferiorer ♀♀, und wenn es die Situation erlaubt, so zeigen sie auch etwas Aggression. Ein anderer häufiger Fall ist folgender: Adulte ♀♀ ignorieren das Hetzen dominanter oder auch inferiorer Jungtiere. Auch hier kann der Aktor im Falle der Dominanz zu Aggressionen übergehen. In beiden geschilderten Fällen spielt sich die Auseinandersetzung zwischen zwei verschiedenen sozialen Klassen ab, und meistens ist auch eine labile Rangbeziehung typisch. Weitere Fälle mit genauerer Interpretation folgen im Kapitel „Soziale Taktik im Ausdrucksverhalten".

Die Grundlagen der Motivation sind beim inferioren Aktor Furcht vor dem Aggressor wie auch vor dessen potentiellen Helfern, beim dominanten Aktor leichte Aggressivität und Furcht vor potentiellen Helfern des Aggressors. Entscheidend ist aber bei beiden die „taktische" Erfahrung, die „gebietet", nicht aufzufallen.

Ignorieren einer Drohung ist ein typisches „cut-off"-Verhalten im Sinne von CHANCE (1962).

E. Typische Ausdrucksformen des Zusammenwirkens von Aggressivität und Furcht

ALLGEMEINES

Ranglich unterlegene Javaneraffen zeigen in Auseinandersetzungen mit dominanten nicht nur Ausdrucksformen der Unterwürfigkeit, sondern auch der Aggressivität. Den einfachsten Fall bildet das „Drohen des Inferioren", welches aus einer Kombination von Stummem Drohen und Zähneblinken besteht. Die Motivation ist dementsprechend eine Kombination von Aggressivität und Furcht. Die Gesamterregung ist gering, und der Aktor richtet sich nur an den direkten Opponenten. Bei den übrigen Formen ist die Erregung größer, und es kommt ein Appell an Drittindividuen um Unterstützung dazu. Dies geschieht in der Form von schreiartigen Vokalisationen, welche ihrerseits als modifizierte Kombinationen von Drohgrunzen und Gicksen aufgefaßt werden können. Bei all diesen Lautgebungen ist auffallend, daß sie aufgrund von Erfahrung sehr geschickt der sozialen Situation angepaßt werden (vgl. Kap. „Soziale Taktik ...“). Ein solcher Appell an Protektoren und andere Ind. zur Unterstützung hat oft „Erfolg“, indem diese Ind. die Partei des Aktors ergreifen. Beim direkten Opponenten dagegen bewirkt er meistens eine Erregung oder Steigerung der Aggressivität gegenüber dem Aktor.

39. Drohen des Inferioren (Abb. 5)

Elemente: *Fixieren, Mundaufreißen:* Weites Öffnen des Mundes, die Zähne werden dabei entblößt. *Brauenheben;* zusätzlich können auftreten: *Schlagen nach dem Rezeptor, Lidsenken, Zucken, Ohrenanlegen* oder *Ohrenspreizen.*

Drohen des Inferioren ist ziemlich selten. ♀♀ halten sich damit gelegentlich sexuell aufdringliche oder leicht aggressive ♂♂ (vor allem junge) vom Leibe, oder sie setzen sich so zur Wehr gegen dominante Jungtiere, von welchen sie spielerisch belästigt werden. Meistens kommt es erst nach einer Berührung zum Drohen des Inferioren. Beim Drohen macht der Aktor manchmal einen Vorstoß gegen den Dominanten, wobei es gelegentlich zu einem kleinen Handgemenge kommt. Die Auseinandersetzung wird aber nie intensiv, und meistens ist es der Dominante, der sich sehr bald zurückzieht.

40. Kreischen

„Angstschrei“ (Schloeth, 1956/57)

Schrei, der ausgestoßen wird, wenn ein ♀ von einem ♂ angegriffen wird, Goustard (1963).

„Staring bared-teeth scream face“, Van Hooff (1967).

Elemente: *Kreischen:* Rauhes Schreien, etwa „chii-“, Mund ziemlich weit offen, Zähne entblößt. Die Lautgebung ist vermutlich eine Kombination von Gicksen (stimmhafter Anteil) und Grunzen („rauher“ Anteil). *Ohrenanlegen.* Sehr oft kommen auch *Fixieren* und *Ängstliches Schwanzaufrichten* dazu. Oft erscheinen auch die Augenbrauen etwas zusammengezogen, in andern Fällen eher etwas gehoben. Schwaches Kreischen tritt in zwei Varianten auf: stimmhaft, oft fast nur noch „üü-“, oder besonders rauh. Stimmhaftes Kreischen tritt vor allem dann auf, wenn der Aggressor nach einem Angriff noch droht, der Aktor aber nicht mehr in unmittelbarer Gefahr ist. Auch sonst kann es als wenig intensive Form des Kreischens geäußert werden. Rauhes Kreischen tritt bei starker Bedrängnis auf, z. B. wenn der Aktor verbissen wird oder in der Klemme ist. In solchen Situationen tritt mehrheitlich intensives Kreischen auf. Äußert ein Aktor nun aber das viel schwächere rauhe Kreischen (es gibt natürlich auch Übergangsformen), so ist das eine auf Erfahrung beruhende Anpassung an eine für den Aktor ungünstige soziale Konstellation (vgl. Kapitel „Soziale Taktik ...“). Allgemein ist Kreischen die typische Reaktion des Inferioren auf intensiven Druck eines Dominanten.

Die erste Wirkung besteht einesteils in einer momentanen Hemmung der Aktivität des das Kreischen auslösenden Ind., andernteils in einer allgemeinen Alarmierung: Fast alle Ind., die Kreischen hören, schauen rasch hin. Dann kommt es darauf an, wie die alarmierten Ind. weiter reagieren. Im Zusammenspiel mit diesen Reaktionen kann der Aktor das Kreischen „taktisch“ geschickt einsetzen oder eben aufgeben.

Von den drei Motivationskomponenten ist die Aggressivität die unbedeutendste. Furcht und „Appell-Tendenz“ dagegen sind intensiv, und ihr wechselndes Verhältnis zueinander ist wohl maßgebend für die Variation des Kreischens.

41. Pressen mit Kreischen

„Frowning bared-teeth scream face" (VAN HOOFF, 1967)

Hier ist anzumerken, daß das „frowning" beim Javaneraffen hier (und als Ausdruckselement überhaupt) praktisch fehlt.

Elemente: *Pressen, Kreischen, Ohrenanlegen.*

Kreischen im Zusammenhang mit Pressen ist fast immer „rauhes" Kreischen. Übergänge zum Stummen Pressen sind nicht selten.

Pressen mit Kreischen tritt ausschließlich in folgender Situation auf: Der Aktor wird von einem dominanten Ind. festgehalten und im allgemeinen auch gebissen. Die Vokalisation beginnt meistens schon vor dem Pressen, wenn der Aktor noch nicht gefangen ist oder gerade gefangen wird.

Entsprechend der formalen Zusammensetzung sind auch Wirkung und Motivation eine Kombination von Stummem Pressen und Kreischen. Das unterwürfige Pressen richtet sich an den Aggressor, das „hilfesuchende" Kreischen an potentielle Protektoren.

42. Verkreischen

„Staring bared-teeth scream face" (VAN HOOFF, 1967)
„Scream threat" (SHIREK-ELLEFSON, 1967)

Elemente: *Fixieren, Vorstrecken des Kopfes, Brauenheben:* Schwach, *Lidsenken, Ohrenanlegen, Kreischen, Sich-Ducken;* Tiefgehen des ganzen Körpers, im Extremfall wie beim Pressen, häufig auch: *Schwanzpeitschen:* Hin- und Herschlagen des Schwanzes.

Verkreischen ist ausgeprägt gezielt auf den Gegner. Zwar kann der Aktor auch beim Kreischen dem Gegner in die Augen blicken, doch Vorstrecken des Kopfes und Sich-Ducken finden sich nur beim Verkreischen, ebenso das sehr häufige Schwanzpeitschen. Das Kreischen ist dabei stets intensiv und im Extrem wohl die lauteste Vokalisation des Javaneraffen. Es dauert oft viele Sekunden. Oft nähert sich der Aktor beim Verkreischen dem Rezeptor. Junge Ind. neigen eher zum Schwanzpeitschen als adulte.

Verkreischen tritt in denselben Situationen auf wie das Kreischen. Meistens geht ihm ein einfaches Kreischen voraus, nur bzw. erst wenn der Aktor etwas vom Rezeptor entfernt ist, verkreischt er ihn.

Im Unterschied zum Kreischen enthält Verkreischen eine ausgeprägte initiative Komponente. Auch wird hier die Aggressivität deutlich durch Vorstöße und Intentionsbewegungen zum Angreifen. Verkreischen ist nicht nur „Klage" und Alarm, sondern intensives „Verklagen" und „Aufhetzen".

43. Offensives Keifen

„Le cri de menace d'une femelle vis-à-vis d'un mâle" (?)
und wohl auch „...vis-à-vis d'une femelle" (GOUSTARD, 1963)

Elemente: *Fixieren, Vorstrecken des Kopfes, Brauenheben, Ohrenanlegen, Keifen:* Eine Skala von Vokalisationen zwischen Kreischen und Grunzen, wobei der Vokalanteil aber oft mehr „ä"-artig klingt. Oft kommt *Fellsträuben* dazu.

Das Keifen variiert außerordentlich von Situation zu Situation, von Ind. zu Ind., und auch innerhalb einer einzelnen Äußerung, welche meistens mehrere Sekunden lang dauert. Zudem tritt Keifen oft in Serien auf, deren einzelne Teile wieder variieren.

Offensives Keifen geht oft über in bzw. entsteht aus Verkreischen und Hetzen mit Grunzen. Es ist fast immer von einer aggressiven Annäherung an den Rezeptor begleitet.

Das offensive Keifen ist typisch für adulte ♀♀ gegenüber dominanten Außenseiter-♂♂. Es tritt vorwiegend „spontan" auf, d. h. das ♂ löst es allein durch seine Anwesenheit aus, wobei der Aktor oft selbst einer anderweitigen Aggression ausgesetzt ist oder eben war („redirected activity").

Der Rezeptor wird durch offensives Keifen meistens ein Stück weit in die Flucht geschlagen. Dann pflegt er sich zu stellen, zu drohen und evtl. Gegenvorstöße zu machen. Ein keifendes ♀ bekommt sehr oft Hilfe von Alpha, manchmal auch von anderen ♀♀ und Jungen. Aber nur Alpha kann ein die ♀♀ dominierendes ♂ verjagen. Gelegentlich keifen auch inferiore ♂♂ und bekommen dann unter Umständen Unterstützung durch andere ♂♂ oder sogar Alpha.

Im Vergleich zum Verkreischen ist beim Offensiven Keifen die Furcht geringer, die Aggressivität größer, und, wie die Position des Aktors und die Wirkung zeigen, richtet sich der Appell vor allem an Alpha.

Bei zwei adulten ♀♀ konnte ich schon beobachten, wie extremes Hetzen und Grunzen gegen ein inferiores ♀ in Offensives Keifen überging. Eines dieser beiden ♀♀ zeigte Offensives Keifen, vermischt mit Hetzen und Grunzen, fast regelmäßig gegen ein bestimmtes inferiores ♀. Manchmal vokalisierte es dabei fast pausenlos bis gegen eine Viertelstunde. Bei beiden dominanten ♀♀ war wohl eine überstarke Tendenz zum Appell an andere Ind. jeweils die Motivation zu diesem speziellen Keifen.

44. Protestschrei

Elemente: *Fixieren, Schrei:* Rauher, dem Keifen nahestehender, aber kurzer Schrei, z. B. „chä". Der Schrei kann wiederholt werden. Ist der Aktor nahe beim Rezeptor oder wird er von jenem angeblickt, so erfolgt zusätzlich *Ohrenanlegen.*

Ein Protestschrei wird ausgelöst, wenn ein Ind., zu dem der Aktor eine stark positive Beziehung hat, von einem dominanten Ind. (vor allem Alpha) gebissen oder hart bedrängt wird. So reagieren z. B. Mütter und benachbarte ♀♀ ziemlich allgemein mit Protestschrei und Annäherung, wenn Alpha ein Kleines beißt. Protestschreie, je nach Intensität und Anzahl der sich beteiligenden Ind., stoppen den Rezeptor mehr oder weniger rasch in seiner Aggression, er verjagt dann meistens die vordersten Schreienden, greift aber kaum je ernsthaft an. Vermutlich hilft der Protestschrei auch mit, bei andern Ind. dasselbe auszulösen, denn nach einer ersten solchen Vokalisation tritt meistens sofort dasselbe bei weiteren Ind. auf. Oft tritt in diesem Zusammenhang, wenn die Szene länger andauert, auch Verkreischen auf, in Übergangsphasen auch Keifen. Gelegentlich wird statt dem Schrei Warngrunzen eingesetzt.

Die Motivation ist Furcht und Aggressivität. Die Aggressivität steht im Dienst einer Tendenz zu beschützen. Sie kommt vorwiegend vokal zum Ausdruck, nur beschränkt auch in der Form einer Annäherung. Die Furcht überwiegt die Aggressivität bei weitem. Dies bezieht sich auf den dominanten Adressaten. Aber das Protestgeschrei richtet sich vermutlich auch gegen andere Rezeptoren. Doch die Appell-Tendenz ist wohl schwach. Beim Warngrunzen dürfte aber entsprechend dem Auftreten im Feindkontakt eine ausgeprägte Alarmierungs-Tendenz vorliegen. Andererseits ist die Aggressivität geringer, ich konnte z. B. nie Warngrunzen mit Annäherung zusammen beobachten.

Schema 4

Die wichtigsten Verbindungen (zeitlich unmittelbare Aufeinanderfolge, oft mit Übergangsformen) der Ausdrucksleistungen im Bereich der Aggressivität und Unterwürfigkeit

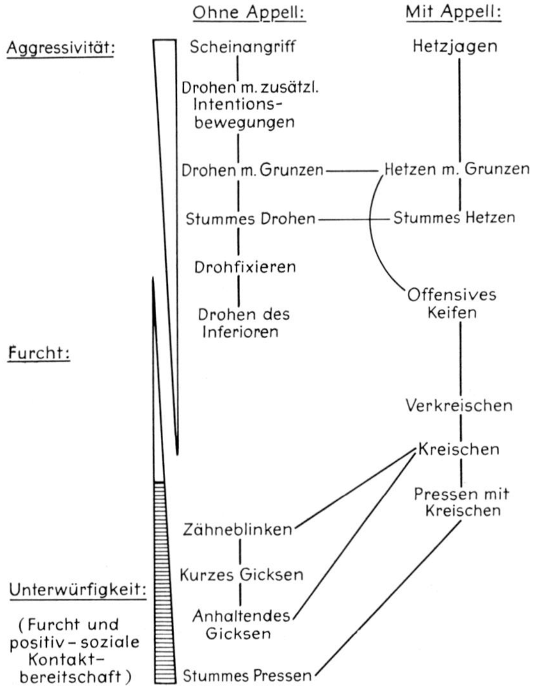

F. Spezifische Aufforderungen zum Platzmachen

ALLGEMEINES

Sitzt ein inferiores Ind. an einem Platz, z. B. in einer Gruppe, den ein dominantes einnehmen möchte, so drängt letzteres das andere meistens einfach weg. Daneben gibt es aber zwei spezifische, doch wenig ritualisierte „Aufforderungen“ zum Platzmachen. Es sind Intentionsbewegungen des aus-dem-Wege-Räumens. Sie sind nicht besonders häufig und werden nur von ein paar ♀♀ regelmäßig ausgeführt. Sie werden auch eingesetzt, wenn der Inferiore dem Dominanten den Durchgang versperrt.

Das Auffordern zum Platzmachen hat einen ähnlichen Effekt wie eine leichte Aggression, nämlich ein Sichentfernen des Rezeptors, evtl. begleitet von Ausdruckselementen der Unterwürfigkeit. Dennoch ist die Motivation des Aktors nicht Aggressivität, sondern die Tendenz, einen bestimmten Platz einzunehmen oder einen bestimmten Weg zu gehen und dementsprechend den Rezeptor wegzuschicken.

45. Stupfen

Elemente: *Stupfen:* Den Rezeptor mit einer Hand stupfen.

Gestupft wird mit der Handinnenseite, vor allem mit der Innenseite der Finger. Zum Teil wird ein Greifen angedeutet. Die Druckrichtung zeigt allgemein seitlich oder schräg nach vorne vom Aktor weg. Manchmal kommt es gar nicht zur Berührung, weil der Rezeptor frühzeitig ausweicht.

46. Angedeutetes Wegzerren

Elemente: *Angedeutetes Wegzerren:* Den Rezeptor mit einer Hand im Fell packen und etwas an ihm zerren.

Die Richtung des Zerrens schwankt von seitlich bis fast gerade nach hinten (vom Aktor aus gesehen). Kräftiges Zerren bildet eine intensivere Form der Aufforderung zum Platzmachen als Stupfen.

Abb. 13. Jungadultes ♀ zeigt gegenüber einem Säugling spielerisches Mundaufsperren (73.) (mit Mimen)

G. Ausdruck des Unbehagens

47. Zucken

Elemente: *Zucken:* Zucken mit Rumpf und Kopf, oft auch mit Extremitäten. Oft mehrmals rasch nacheinander. Manchmal kommt *Zähneblinken* dazu.

Das Zucken wird vor allem im Sitzen ausgeführt, gelegentlich auch im Liegen oder Stehen. Das Zucken beruht allgemein auf einem ruckartigen, minimalen Strecken der Wirbelsäule. Damit verbunden ist leichtes Hochwerfen des Kopfes und oft auch einer Extremität. Das zuckende Ind. fällt sofort wieder in die Ausgangsposition zurück. Eventuell beschränkt sich das Zucken auf eine einzelne Extremität. Es können bis etwa fünf Zuckungen zusammen eine Serie bilden. Wenn der Reiz andauert, kann die Zuckung, oder evtl. auch eine Serie, mehrfach wieder auftreten.

Zucken wird ausgelöst durch harmlose körperliche Belästigungen, vor allem durch Schmerzen-Bereiten bei der sozialen Hautpflege (z. B. durch Rupfen), ferner auch durch spielerisches oder sexuelles Aufdringlichwerden.

Zucken ist eine Aufforderung zum Einstellen der Belästigung, wirkt aber wenig. Inferiore Aktoren zucken vor allem bei Belästigung durch Jungtiere und „pflegende" Adulttiere. Dabei ist die Furcht vor dem Dominanten bestimmt nicht sehr groß. Ein Zeichen für etwas größere Furcht ist das zusätzliche Auftreten des Zähneblinkens. Nicht selten folgt auf das Zucken Flucht, u. U. auch Drohen des Inferioren oder Kreischen. Dominante Ind. zucken fast ausschließlich gegenüber einem pflegenden Partner. Eine Ausnahme bilden z. B. die Fälle, wo ganz kleine Säuglinge kontaktsuchend den Aktor anfassen, dann kann der dominante Aktor zucken und sich evtl. auch entfernen. Gegenüber pflegenden Partnern folgt aber auf das Zucken öfters eine kleine Aggression.

Die Motivation ist wohl Unbehagen und eine der Aggressivität nahestehende Tendenz, den Partner zum Einstellen seiner gegenwärtigen Tätigkeit zu veranlassen. Es handelt sich beim Zucken nicht um eine soziale Auseinandersetzung mit den dazugehörigen Manifestationen des sozialen Status usw., es fehlt das soziale „Engagement", und dementsprechend ist das Erregungsniveau sehr niedrig.

H. Ausdrucksformen der männlichen Sexualrolle

ALLGEMEINES

Die ♂♂ des Javaneraffen zeigen bei sexuell motivierten Kontakten mit ♀♀ nicht nur Ausdrucksformen, die aus der männlichen Sexualrolle stammen, so wie das „Inspizieren", sondern auch Formen der positiv-sozialen Kontaktbereitschaft (Mimen, Schmatzen, Posieren und Pflegen) und selbst der Unterwürfigkeit (Zähneblinken, kurzes Gicksen).

Mimen und Schmatzen treten sowohl vor als auch während der Paarung auf, und eine spezielle Variante des Mimens nenne ich Sexuelles Anvisieren und bespreche sie nachfolgend. Zähneblinken und kurzes Gicksen treten im allgemeinen nur während der Paarung auf. Schenkel (pers. Mitt.) beobachtete Zähneblinken aber auch vor der Kopulation[3]).

Auf der anderen Seite haben die aus der männlichen Sexualrolle stammenden Ausdrucksformen eine Funktion, die weit über den Sexualbereich hinausreicht. Auch ihre Motivation ist vielfach nicht eigentlich sexuell. Diese verschiedenen Aspekte des Sexualverhaltens wurden in allgemeiner Form schon in früheren Abschnitten behandelt. In diesem Kapitel seien nun nebst dem bereits erwähnten Inspizieren und Sexuellen Anvisieren folgende Ausdrucksleistungen, welche der Form nach alle aus dem Sexualbereich stammen, einzeln behandelt: Imponierbegatten, sowie unter ♂♂: Aufreiten, Genitalien-Darbieten und Genitalien-Befingern.

48. Sexuelles Anvisieren

Elemente: *Fixieren, Vorstrecken des Kopfes, Zurückziehen der Kopfhaut:* Stark, *Ohrenanlegen:* Mit dem Zurückziehen der Kopfhaut gekoppelt, Inten-

[3]) Es ist bemerkenswert, daß Zähneblinken und Gicksen, welche sonst nur von inferioren Ind. gezeigt werden, im sexuellen Zusammenhang von dominanten ♂♂ ausgeführt werden.

sivere Varianten umfassen auch: *Mundspitzen, Schmatzen, Züngeln, Schwanzstrecken:* Den Schwanz etwa waagrecht ausgestreckt halten.

Sexuelles Anvisieren unterscheidet sich vom sehr ähnlichen Imponierenden Anvisieren mindestens durch das Fehlen des Schwanzaufrichtens. Meistens zeigt das sexuell anvisierende ♂ auch Mundspitzen und Schwanzstrecken. In einer späteren Phase des Sexuellen Anvisierens tritt fast immer Schmatzen auf, manchmal schon zu Beginn.

Sexuelles Anvisieren erfolgt im allgemeinen während einer Annäherung und ist stets an ein einzelnes ♀ gerichtet. Es setzt voraus, daß das ♀ zum ♂ blickt, aber im übrigen liegt die Initiative beim ♂.

Meistens ist das Sexuelle Anvisieren eine Aufforderung an das Weibchen zur Paarung. Dementsprechend reagiert das anvisierte ♀ oft mit Präsentieren, und ich konnte z. B. einmal beobachten, daß ein ♂ sitzend vom Baum herunter ein am Boden sitzendes ♀ anvisierte, worauf das anvisierte ♀ zu ihm auf den Baum kletterte und sich dort begatten ließ.

Die Motivation ist im allgemeinen eine Begattungstendenz. Dies zeigen auch die Paarungsversuche, die fast immer auf das Sexuelle Anvisieren folgen.

Es gibt keine Ausdrucksleistung beim ♂, welche häufiger zur Paarung führt, als das Sexuelle Anvisieren. Aber selbst diese Ausdrucksform tritt nicht selten auf als ausdruckshafte Manifestation einer sexuellen Verbundenheit ohne aktuelle Begattungstendenz.

49. Inspizieren (Abb. 14)

Elemente: *Vulvaberiechen:* Nasen-Mund-Region der Vulva eines ♀ nähern und sie beriechen. Der Mund kann die Vulva, speziell die Vaginalöffnung kurz berühren. Meistens umfaßt Inspizieren auch: *Schwanzheben* (Abb. 14): Mit einer Hand den Schwanz des Rezeptors etwas anheben oder ihn zumindest von unten her berühren. Gelegentlich zeigt Alpha auch *Perineumfassen:* Mit einer Hand das Scrotum-ähnliche Perineum anfassen.

Abb. 14. Junges ♀ präsentiert sexuell (55.) und wird von jungem ♂ inspiziert (49.). Letzteres hat dem ♀ mit der linken Hand gerade den Schwanz gehoben

Die Hauptvariation besteht in der Art des Vulvaberiechens und Schwanzhebens. Beim Vulvaberiechen wird die Nasenregion meistens nur kurz in die Nähe der Vaginalöffnung gehalten; dies kann aber mehrmals wiederholt werden. Da weder Mundöffnen noch irgendwelche Zungenbewegungen zu beobachten sind, ist anzunehmen, daß Geschmacksempfindungen keine Bedeutung haben. Das Schwanzheben geht im allgemeinen wie folgt vor sich: Der Aktor stößt (oft im Gehen) mit der Handkante von unten sachte an den Schwanz nahe der Schwanzwurzel des Rezeptors. Das ♀ pflegt dann den Schwanz, der vielfach vorher schon leicht angehoben ist, vollends aufzurichten (spätestens in diesem Zeitpunkt stoppt und präsentiert es). Die Hand geht mit und berührt den aufgerichteten Schwanz mit der Handfläche. In dieser Haltung tritt das Vulvaberiechen auf. Es folgt Begattung oder Desinteresse. Richtet das ♀ den Schwanz schon vor dem Kontakt völlig auf, so berührt ihn das ♂ gleich mit der Handfläche oder gar nicht. Bei länger dauerndem Inspizieren, vor allem wenn das ♂ sitzt, faßt die andere Hand das ♀ oft an der Hüfte oder am Beinansatz. Von der beschriebenen, hochformalisierten Form gibt es nun mehrere Abhandlungen, die vor allem von jüngeren ♂♂ und von diesen besonders gegenüber ♀♀ gezeigt werden, die wohl präsentieren, aber den Schwanz nicht richtig aufrichten. So kann das ♂ z. B. mit großer Kraft den Schwanz des ♀ nach oben und evtl. weiter nach vorne drücken, dabei liegt die Hand oft längs dem Schwanz an, zum Teil stoßen sogar beide Hände. Statt der Handkante kann allgemein auch der Handrücken den Schwanz berühren. Ab und zu wird der Schwanz mit einem Griff von der Oberseite her hochgezogen. Wenn das ♀ den Schwanz aufgerichtet hat, so zeigen ♂♂ oft eine Abwandlung der späteren Phase des Schwanzhebens, in der die Handfläche sonst den Schwanz berührt: Die Handfläche berührt nicht den Schwanz, sondern drückt unter der Schwanzwurzel etwas aufwärts und gegen jene bei den ♀♀ allgemein etwas wulstige Region zwischen Schwanzwurzel und Anus. Manchmal, wenn das ♂ relativ lange die Vulva beriecht und das ♀ den Schwanz nicht selber aufgerichtet hält, faßt das ♂ den Schwanz im normalen Griff und hält ihn so aufrecht. Dieser Zustand wurde von Schloeth (1956/57) gezeichnet und resultierte bei seiner Beobachtung aus dem Hochziehen des Hinterteils eines sich duckenden ♀.

Unter der Voraussetzung, daß ein im Rang und Alter geeignetes ♀ vorhanden ist, beginnt ein ♂ mehrheitlich von sich aus zu inspizieren. Das ♀ braucht keinerlei sexuelle Tendenz zu äußern. Offenbar sind innere Faktoren wichtiger als äußere, dies aber nicht in dem Maße, wie es fürs Sexuelle Anvisieren der Fall ist: Präsentieren löst nämlich regelmäßig bei sich in der Nähe befindlichen ♂♂ Annäherung und Inspizieren aus. Auch Hetzen und Ängstliches Schwanzaufrichten lösen oft bei dominanten ♂♂ Inspizieren aus.

Wenn sich das ♂ zum Inspizieren anschickt, so reagiert das ♀ etwa gleich oft positiv wie negativ. Im positiven Fall präsentiert es, im negativen Fall läuft es weg, bzw. es bleibt sitzen. Nur selten reagiert es halb-halb oder aggressiv. Die Intention zum Inspizieren scheint also oft beim ♀ die Tendenz zum Präsentieren zu fördern. Fehlt aber die Bereitschaft dazu, so wirkt die Inspizierintention eher trennend: das ♀ flieht oder verjagt das ♂. Präsentiert das ♀ und die Inspektion kann vollständig stattfinden, so wirkt diese, wenn überhaupt, nur in erster Linie auf das ♂. Es kann sich desinteressiert abwenden oder es kann zu begatten versuchen. Wie Michael und Keverne (1968) am *Rhesusaffen* nachgewiesen haben, bilden brünstige ♀♀ ein Vaginalsekret, welches die ♂♂ sexuell stimuliert. Somit ist wahrscheinlich die ursprüngliche Funktion des Inspizierens eine Erkundung des ♂ über eine eventuelle Brunft des ♀.

Es werden aber auch sehr oft nicht-brünftige ♀♀ nach Inspektionen begattet. In diesen Fällen dürfte Inspizieren dazu dienen, einen sexuellen Kontakt herzustellen[4]). Die Entscheidung, ob das ♂ dann begattet oder nicht, liegt in diesen Fällen wohl fast ausschließlich in der Motivation des ♂. Bei geringer Begattungstendenz inspiziert es nur, bei größerer begattet es auch, unabhängig vom Resultat der Inspektion. Vor Paarungen zwischen zwei Ind., die eine durch den Oestrus des ♀ bedingte Paarbeziehung aufrecht erhalten, bleibt das Inspizieren oft aus. Das ♂ kennt den Zustand des ♀ und ist auch ständig bei ihm, daher braucht es weder zu erkunden noch speziell Kontakt aufzunehmen.

Erfolgt Inspizieren als Reaktion auf Präsentieren, Ängstliches Schwanzaufrichten oder Hetzen eines ♀, so liegen dem wohl verschiedene Tendenzen zugrunde, wie „Neugier", Imponiertendenz, auch Begattungstendenz. Letztere ist vermutlich weitgehend durch die Erfahrung, daß z. B. hetzend präsentierende ♀♀ sich eher begatten lassen als andere, bedingt; dies wird dann ausgenützt. Dominante ♂♂ benutzen allgemein Inspizieren als gängige Form der Kontaktaufnahme mit ♀♀. Hier muß nun auch gesagt werden, daß reaktives Inspizieren gelegentlich auch von ♂♂ gegenüber ♂♂, von ♀♀ gegenüber ♀♀ und hin und wieder einmal von ♀♀ gegenüber ♂♂ gezeigt wird. Meistens stehen diese Formen im Zusammenhang mit Hetzen mit Präsentieren, was unter Präsentieren und im Kapitel „Soziale Taktik . . ." behandelt wird. Hier sei nur der Fall diskutiert, wo ranghohe ♀♀ inferiore hetzende, aber nicht präsentierende andeutungsweise inspizieren. Es werden meist ♀♀ inspiziert, zu denen das Aktor-♀ ein gutes Verhältnis hat. Das hetzende ♀ löst beim betreffenden dominanten ♀ weder Hilfe noch Aggression gegen sich selbst aus. Dennoch ist das dominante ♀ interessiert an der Auseinandersetzung. Gleichzeitig zeigt es eine leichte Imponiertendenz als Demonstration der Dominanz und dies in der Form des Inspizierens, das ja eigentlich eine Verhaltensweise des dominanten ♂ darstellt.

50. Imponierbegatten (Abb. 3)

„Pseudo-copulation" (Goustard, 1961)

Elemente: *Imponierbegatten:* Wenig intensives, demonstratives Begatten, oft mit *Fellsträuben.*

Es gibt vier Hauptszenen des Imponierbegattens, diese müssen einzeln dargelegt werden:

1. Bei Hetzereien, die den Aktor zu keiner Aggression veranlassen, ihn aber doch etwas erregen, geht er oft zum (bzw. zu einem) hetzenden inferioren Ind., welches spätestens bei der Annäherung des Dominanten präsentiert, (wenn es nicht ausweicht), und begattet es evtl. kurz (ohne Ejakulation). Meist begatten Alpha oder junge ♂♂ ein hetzendes ♀, manchmal „begatten" einander auch junge ♂♂. Dieses Begatten bedeutet trotz der positiven Note eine Nicht-Unterstützung der Aggression des begattenden Ind., und letzteres stellt in der Regel bald jede Aggression ein. Ungefähr entsprechend verhalten sich etwaige Helfer des hetzenden Ind.

Auslösung und Form dieses Begattens zeigen, daß die maßgebliche Motivation weder sexuell noch aggressiv sein kann. Möglich wäre noch ein Zusammenwirken der beiden Motivationen. Es ist aber sehr unwahrscheinlich, daß einander die beiden Tendenzen so stark und so einseitig hemmen, daß nur die beschriebene Begattung resultiert. Dagegen sprechen zwei Tatbestände sehr

[4]) (Sofern die Motivation überhaupt sexuell ist; vgl. Imponierbegatten.)

für eine imponiermäßige Motivation: a) In entsprechenden Situationen tritt häufig eindeutiges Imponieren auf, und: b) Vor und nach dem diskutierten Begatten ist ebenfalls häufig Imponierendes Schwanzaufrichten zu beobachten.

2. Nach freundlichem Kontakt mit einem ♂ geht Alpha oft mit imponierend aufgerichtetem Schwanz weg und begattet irgend ein ♀ in der Nähe. Oder: Ein dominantes ♂ sieht, wie ein inferiores ♂ sexuellen Kontakt hat mit einem ♀. Es verjagt nun das inferiore ♂ und begattet das betreffende ♀.

Die Motivation ist zu einem Teil wohl sexuell, es finden sich meist dementsprechende Ausdrucksweisen, und eine Ejakulation kann erfolgen; zum anderen Teil eine Tendenz zur Manifestation des auf Dominanz beruhenden Begattungs-Privilegs und der sozialen Initiative.

3. Das Begatten irgend eines präsentierenden ♀ durch Alpha nach Imponierendem Anvisieren oder Imponierjagen soll wohl am ehesten die Zugehörigkeit der ♀♀ zu Alpha dokumentieren. Durch Begatten wird besonders der sexuelle Aspekt dieser Zugehörigkeit kundgetan (Begattungs-Privileg Alphas).

4. Während des zweisilbigen Grunzens oder häufiger danach begattet Alpha auffällig oft das Alpha-♀, das ihm dazu manchmal sogar etwas entgegenkommt. Es komt zu einer Ejakulation, und beide Tiere haben während einer solchen Paarung das Fell gesträubt, meist maximal. Durch dieses eindrückliche Verhalten wird vermutlich entsprechend der Variante 3. und dem Zweisilbigen Grunzen die Dominanz und sexuelle Privilegierung Alphas manifestiert, und dazu noch das Zusammenstehen der beiden Ranghöchsten.

51. Aufreiten unter ♂♂ (Abb. 10)

„Pseudo-copulation" (Goustard, 1961)

Elemente: *Aufreiten unter ♂♂:* Ein ♂ reitet auf ein anderes auf. Formal wie beim Begatten eines ♀. Dabei kommt es manchmal auch zum *Ausführen von Beckenstößen:* Rhythmisches Stoßen mit dem Becken. Wie beim Begatten eines ♀, aber es kommt nur zu leichter Erektion, nie zur Ejakulation.

Das Aufreiten variiert zwischen einem bloßen kurzen Aufsteigen und einem längerdauernden „Begatten" mit vielen Beckenstößen. Oft kommt *Mimen, Schmatzen* oder *Stöhnen* dazu.

Aufreiten unter ♂♂ erfolgt meistens als Reaktion auf das Präsentieren des Partners (s. 55.4.). Nur selten wird schon aufgestiegen, bevor der andere richtig präsentiert.

Die Funktion besteht in einem Zustandekommen eines stark positiven sozialen Kontaktes zwischen zwei Ind. und somit in einer Förderung des Zusammenhalts der Gruppe.

Die Motivation ist eine sexuell getönte positiv-soziale Kontaktbereitschaft. Dies zeigen vielfach allein schon die begleitenden Ausdrucksformen. Dazu kommt, daß in der Regel inferiore Ind. auf dominante aufreiten, so daß eine Demonstration der Dominanz ausgeschlossen werden kann. Die Regel, daß inferiore ♂♂ aufreiten und dominante präsentieren, ist für den Javaneraffen wohl arttypisch. Fady und Will (1966) fassen das Aufreiten eines ♂ auf ein anderes der Literatur folgend auch bei den von ihnen untersuchten Javaneraffen als Demonstration der Dominanz auf, aber in allen 7 beobachteten Fällen ritt ein nach allen übrigen Kriterien inferiores ♂ auf, und die Autoren haben keine Erklärung dafür. Goustard (1961) schreibt: „C'est en général le mâle le plus jeune qui chevauche le plus âgé." In der Basler Gruppe protokolierte ich, daß unter den 4 adulten ♂♂ 12mal ein inferiores auf ein dominantes auftritt, gegenüber 2 umgekehrten Fällen. Zwischen adulten und jungen ♂♂ (2—6 Jahre bezeichne ich hier als jung) ritt in 53 Fällen das junge, inferiore auf (12 beteiligte junge ♂♂). Von den insgesamt 27 umgekehrten Fällen stehen 10 in einem speziellen Zusammenhang, so daß 17 die entgegenzustellende Zahl ist. Die eben erwähnten 10 Sonderfälle stehen im Rahmen eines Kontaktes mit Alpha: Zum Teil bestehen mimische Kontakte mit Alpha, z. T. ist Alpha mit anderen Ind. in positivem Kontakt, so daß er die Präsentierenden und Begattenden nicht alle beachtet. Jedenfalls dürfte in diesen Fällen die soziale Attraktion primär von Alpha ausgehen, da aber ein direkter Kontakt mit ihm aus irgendwelchen Gründen (Alpha ist mit anderen Ind. beschäftigt, die Furcht ist zu groß usw.) nicht möglich ist, erfolgt die Kontaktnahme mit Ersatzindividuen. Dazu rechne ich auch folgende Fälle: Ranghohe ♂♂, die aber nie auf Alpha aufreiten, nehmen während oder unmittelbar nach mimischen Kontakten mit diesem ein kleines ♂ zu sich und pressen es meistens in der Hocke an ihre Genitalien. Zum Teil zeigen sie dabei noch Beckenstöße.

Während das inferiore Ind. „begattet", ganz selten schon vorher, reibt das dominante Ind. oft mit einer Hand an seinen eigenen Genitalien. Dies tun vor allem jüngere ♂♂, bei Alpha sah ich es nie. Das ist ein Hinweis, daß eine sexuelle Erregung vorhanden sein kann. Offenbar bietet dann die ♀-Rolle keine Befriedigung der Sexualtendenz, so daß es zu einem onanistischen Verhalten kommt. Jungaffen reiten oft ohne Rücksicht auf die Rangordnung aufeinander auf. In der Rapperswiler Gruppe waren während einer Zeit von akutem ♀♀-Mangel echt homosexuelle Paarungen ziemlich häufig.

Ein einziges Mal konnte ich beobachten, daß ein ♀ auf ein anderes aufritt. Beide Ind. waren adult, das aufreitende war dem Rezeptor gegenüber inferior. Der Verlauf war, kurz gefaßt, folgender: Ein ♀ hat ein anderes verjagt und hetzt noch. Ein dazukommendes dominantes ♀ beginnt in der Nähe des hetzenden das geflohene zu bedrohen. Das hetzende kommt zum drohenden, hetzt bei ihm, reitet auf und hetzt dabei weiter, stets stumm. Der linke Fuß hält das linke Bein des Rezeptors wie bei einer Paarung umfaßt, der rechte Fuß greift aber mehrmals ins Leere oder rutscht ab. Das hetzende steigt ab, und das drohende dominante setzt sich. Sofort beginnt das inferiore ♀ das sitzende zu pflegen.

Goustard beobachtete einmal, als ein Teil der Gruppe vom Rest isoliert war, wie ein ♀ auf ein junges ♂ aufritt. Schenkel (pers. Mitt.) sah in der Basler Gruppe während einer Zeit, da kein Alpha-♂ existierte, wiederholt das weibliche Alpha-Ind. auf ein anderes ranghohes ♀ aufreiten.

52. Genitalien-Darbieten (unter ♂♂)

Elemente: *Genitalien-Darbieten:* Im Sitzen, evtl. Liegen, (gegenüber einem Partner) die Beine spreizen, so daß die Genitalien freiliegen. Genitalien-Darbieten wird meistens kombiniert mit *Mimen*, *Schmatzen* oder *Stöhnen.* Es erfolgt fast ausnahmslos reaktiv auf die kontaktsuchende Annäherung eines meist inferioren Partners hin. Die Motivation dürfte wie beim Präsentieren (eines ♂ (55.4)) die positiv-soziale Kontaktbereitschaft sein, aber wohl etwas intensiver.

53. Genitalien-Befingern (unter ♂♂)

Elemente: *Genitalien-Befingern:* Mit den Händen Herummanipulieren an den Genitalien eines Partners. Auch Genitalien-Befingern ist meistens begleitet von *Mimen*, *Schmatzen* oder *Stöhnen.* Oft werden auch andere Körperstellen als die Genitalien, vor allem die Arme, angefaßt, und das Ganze kann übergehen zu spielerischem Balgen. Oft befingern einander zwei ♂♂ gegenseitig.

Genitalien-Befingern steht zum Genitalien-Darbieten im selben Zusammenhang wie Aufreiten zum Präsentieren.

ANHANG

54. Rückwärts Heranrücken

Elemente: *Rückwärts Heranrücken:* Sich nahe zu einem sitzenden ♀ setzen und dann rückwärts an es heranrücken, bis es kräftig angestoßen wird.

Nur Alpha zeigt Rückwärts Heranrücken, und dies erst seit 1964. Er rückt stets von der Seite oder von hinten an das ♀ heran. Das eigentliche Heranrücken geschieht mit abgewendetem Blick, geht also ohne Kopfdrehen, der Kontakt erfolgt nur taktil.

Rückwärts Heranrücken tritt am häufigsten während des Fressens auf. Wichtiger ist aber, daß Alpha dies nur gegen wenige ♀♀ zeigt. Früher zeigte er es sogar nur gegen ein einziges Individuum, und zwar während einer Paarbeziehung beginnend. Kurz bevor jenes ♀ starb, begann er das Heranrücken auch gelegentlich gegenüber anderen ♀♀ auszuführen, mit denen er gerade mehr oder weniger eine Paarbeziehung aufrechterhielt. So ist es heute noch (1967).

Das angestoßene ♀ erhebt sich immer. Tut es dies nicht gleich, dann stößt Alpha weiter, bis es geht. Dann schaut er rasch nach ihm. Das ist alles.

Die Motivation ist wohl in der Richtung einer sexuell getönten, positiv-sozialen Kontaktbereitschaft zu suchen. Das Ganze wirkt etwas pathologisch, doch dürfte dies eine Täuschung sein. Besieht man all die Eigenarten, die ein adulter, besonders ein ranghoher Javaneraffe in Gefangenschaft (Freilandbeobachtungen an anderen Makaken deuten auch für natürliche Verhältnisse auf Ähnliches hin) entwickelt, paßt dies absolut in den Rahmen der Individualität. Nicht nur der Vollständigkeit halber, sondern auch als Dokumentierung dieser Individualität sind in dieser Arbeit öfters vielleicht etwas absonderlich anmutende Eigenarten geschildert. Sie sind auch außerhalb des Ausdrucks sehr stark ausgeprägt und gehören bestimmt zum Bild der Art.

I. Ausdrucksformen der weiblichen Sexualrolle

ALLGEMEINES

Bei Sexualkontakten mit ♂♂, besonders während der Paarung, zeigen die ♀♀ sehr oft Ausdrucksformen der positiv-sozialen Kontaktbereitschaft, vor allem Schmatzen. Vor der Paarung können auch Komponenten der Unterwürfigkeit, wie Zähneblinken, auftreten. Im folgenden seien aber nur spezifische, oder zumindest ursprünglich spezifische Ausdrucksformen von sexueller Motivation behandelt. Darunter bildet das Präsentieren die charakteristischste Ausdrucksleistung. Ursprünglich ist es sexuell motiviert und funktioniert als Begattungsaufforderung. Aktuell ist es aber oft auch Ausdruck der Unterwürfigkeit und sozialen Kontaktbereitschaft gegenüber dominanten ♂♂, wobei natürlich die sexuelle, aber auch die „taktische“ Note (vgl. Kapitel „Soziale Taktik ...“) nicht zu übersehen ist. Beim Hetzen wird das Präsentieren fast ausschließlich aufgrund „taktischer“ Erfahrung eingesetzt. Das allgemein mit dem Auftreten des Präsentierens einhergehende „Sprödigkeitsverhalten“ kann vor allem bei extrem „taktischen Einsätzen“ weitgehend fehlen.

Auch ♂♂ können untereinander präsentieren. Wie das schon behandelte Aufreiten unter ♂♂ ist es eine Form der positiv-sozialen Kontaktbereitschaft.

Durch Vollzug der Paarung können beim ♀ zwei rein sexuelle Ausdrucksformen ausgelöst werden: Beinfassen und Paarungsgrunzen. Ihre Motivation ist wohl eine Art von rezeptiver sexueller Erregung.

55. Präsentieren (Abb. 14)

Elemente: *Präsentieren:* Im Stehen dem Rezeptor den Hinterteil zugewendet halten. Hinzutreten können: Verschiedene Elemente der positiv-sozialen Kontaktbereitschaft, der Furcht und der Aggressivität, und: *Präsentierendes Schwanzaufrichten* (Abb. 14): Schwanzaufrichten beim Präsentieren, *Hand-nach-hinten-Halten:* Eine Hand ganz nach hinten strecken. Die Hand berührt das Analfeld oder den Beinansatz.

Das Präsentieren als Element variiert in der Orientierung zum Rezeptor. Meistens steht das ♀ schräg vor dem ♂, oft auch quer, gelegentlich noch anders. Das ♀ steht ziemlich breitspurig, mit schwach gebeugten Armen und mit gestreckten Beinen da. Abweichungen davon sind vor allem: Tiefgehen des Vorderkörpers, evtl. mit Blick unter dem Rumpf durch nach hinten. Beugen der Beine. Präsentierendes Schwanzaufrichten schwankt zwischen leichtem Anheben der Schwanzwurzel, das oft auch etwas zur Seite ausgeführt wird, und steilem Hochrichten des ganzen Schwanzes, Vornüberbiegen ist selten stark ausgeprägt. Eventuell wird der Schwanz noch während der Lokomotion etwas aufgerichtet. Das Hand-nach-hinten-Halten ist ziemlich selten und variiert nur insofern, als die Hand nicht immer am genau gleichen Ort ist. Viele Ind. zeigen es überhaupt nie.

1. Sexuelles Präsentieren: Ein hochbrünftiges ♀ ist fast ständig paarungsbereit. Meistens steht es in einer Paarbeziehung mit Alpha, so daß die räumliche Nähe zu einem begattungsfähigen ♂ gewährleistet ist. In diesem Zusammenhang präsentiert das ♀ in der Regel reaktiv auf eine sexuelle Initiative des ♂ hin. Nicht hochbrünftige, paarungsbereite ♀♀, die nicht in einer Paarbeziehung mit Alpha stehen, nähern sich Alpha oder einem anderen ♂ oft unauffällig und warten dann in dessen Nähe, bis er sexuelles Interesse bekundet. Nach meist ausgeprägtem „Sprödigkeitsverhalten“ präsentieren sie schließlich und lassen sich begatten. Nur selten zeigt ein ♀ sexuelles Präsentieren völlig spontan oder völlig reaktiv. Präsentieren allgemein bewirkt beim Rezeptor zumindest Inspizieren, sehr oft auch Begatten.

2. Präsentieren beim Hetzen (Abb. 3): Präsentieren beim Hetzen wird meistens durch die Annäherung eines dominanten Ind. ausgelöst. Relativ selten begibt sich das hetzende Ind. zum dominanten und präsentiert spontan, bevor sich das dominante für es interessiert. Drohung verbunden mit Präsentieren hat Kummer (1957) erstmals beim Mantelpavian beschrieben und „Gesicherte Drohung“ genannt.

Der dominante Rezeptor zeigt allgemein die Tendenz zum Inspizieren und Imponierbegatten, nur z. T. scheint eine sexuelle Tendenz maßgeblich zu sein. Jedenfalls neigt der Dominante nicht stärker zur Aggression gegen das Objekt des Hetzens, als es ohne Präsentieren der Fall ist, bzw. vor dem Präsentieren war. Anderseits, wenn der Dominante Aggressivität gegen den Aktor äußert, so präsentiert dieser nicht. Also existiert keine direkte Schutzfunktion. Dennoch bestehen günstige Effekte für den Aktor: Das etwa neutral sich interessierende Ind., (d. h. es zeigt durch sein Interesse schon eine leichte positive Tendenz für den Aktor), das unter Umständen durch Einflüsse des Gegners des Aktors oder weiterer Ind. zur Aggression gegen den Hetzenden bewegt werden kann, ist nicht mehr zur Aggression zu veranlassen, wenn es zu inspizieren begonnen hat und der Aktor stillhält. Dies bleibt so, solange der Aktor den Dominanten gewähren läßt. Dazu kommt, daß der Aktor während der ganzen Zeit, wenn der Dominante sich mit ihm befaßt, vor Aggressionen aller Ind. geschützt ist, die dem Dominanten unterlegen sind. Gelegentlich verjagt der Dominante sogar allfällige Ind., die den Aktor irgendwie bedrohen. Unter die allfälligen Aggressoren kann auch der Opponent des Aktors zählen, wenn er dem Hetzenden überlegen ist und sich gegen ihn aggressiv zeigt.

Die Motivation des Präsentierens beim Hetzen ist vermutlich vor allem eine positiv-soziale Kontaktbereitschaft, eng verknüpft mit der „taktischen Erfahrung“, daß mit Präsentieren eine gewisse Protektion, wenn nicht sogar eine Hilfeleistung durch den Rezeptor erzielt werden kann. Zumindest in manchen Fällen dürfte aber auch etwas Furcht vor dem dominanten Rezeptor mitwirken.

Präsentieren beim Hetzen zeigen unter Umständen auch jüngere ♂♂, diese in Einzelfällen sogar gegenüber dominanten ♀♀.

3. Präsentieren in noch anderen Zusammenhängen: Nicht selten erfolgt Präsentieren völlig reaktiv auf die Annäherung eines ♂, vor allem Alphas hin, welches sexuelles Interesse zeigt. Oft wird dieses Präsentieren von Ausdrucksleistungen der Unterwürfigkeit, am häufigsten Schmatzen mit Zähneblinken, begleitet. Gelegentlich kommt es daraufhin zur Paarung. Doch fehlen dann dabei deutlich sexuelle Ausdruckselemente wie Beinfassen und Paarungsgrunzen. Solch unterwürfiges Präsentieren zeigt die positive Verbundenheit des Aktor-♀ mit dem dominanten ♂. Präsentieren zur Beschwichtigung dagegen, wie sie WICKLER (1967) für viele Affenarten aufzeigt, kommt beim Javaneraffen kaum vor, da durch aggressives Verhalten kein Präsentieren ausgelöst wird.

Abb. 15. Alpha mit imponierend aufgerichtetem Schwanz (9.)

Reaktives Präsentieren erfolgt oft auch ohne Elemente der Unterwürfigkeit, ist dann aber im übrigen wie unterwürfiges Präsentieren.

Sehr häufig sind auch spielerische Formen des Präsentierens, meistens in Verbindung mit Umherspringen.

Schließlich sei hier noch das ausgeprägt „taktische“ Präsentieren erwähnt. Dieses wird im Kapitel „... Taktik ...“ erläutert.

4. Präsentieren von ♂♂: Das Präsentieren von ♂♂ ist eher selten. Am häufigsten präsentieren dominante Ind. reaktiv vor inferioren kontaktsuchenden, manchmal präsentieren sie aber auch initiativ. Inferiore Ind. können ihrerseits vor dominanten präsentieren, ebenfalls sowohl initiativ als auch reaktiv. Doch das reaktive Präsentieren des inferioren ♂ ist insofern in den

meisten Fällen auch initiativ, als es jeweils als Reaktion auf eine zufällige, nur selten kontaktfreundliche (nie aber aggressive) Annäherung des dominanten ausgeführt wird. Somit führt das präsentierende, inferiore ♂ von sich aus eine positive Note in die Begegnung ein.

Präsentieren von ♂♂ löst in der Regel Aufreiten des Rezeptors aus (51.). Sehr oft wird nachher der Kontakt durch Spiel oder Pflegen weitergeführt. Das Präsentieren von ♂♂ dient generell der Herstellung von positiven Kontakten. Dementsprechend ist seine Motivation auch die positivsoziale Kontaktbereitschaft. Weiteres siehe unter „Aufreiten unter ♂♂".

56. Beinfassen

Elemente: *Beinfassen:* Das ♀ faßt während der Paarung mit einer Hand das ♂ an einem Unterschenkel, meistens nahe beim Knie.

Beim Beinfassen faßt das ♀ mit der Hand ins Fell eines Unterschenkels des eben aufgestiegenen ♂ und hält so fest bis zum Abbruch der Paarung. Die Hand faßt meistens gerade unterhalb des Knies, öfters auch seitlich an der Wade. Ausnahmsweise faßt ein ♀ ein jüngeres ♂ auch anderswo, z. B. am Knie selbst, oder, aber dann nur kurz, am Kopf. Insgesamt zweimal sah ich beim selben ♀ beidhändiges Beinfassen, wobei der Kopf beide Male tief nach unten gebogen war, so daß der Blick unten durch nach hinten möglich war. Der Kopf berührte den Boden aber nicht, das ♀ stand akrobatisch nur auf den zwei Füßen. Nur wenige ♀♀ zeigen Beinfassen regelmäßig.

Bei der von Goustard (1961) untersuchten Gruppe faßten die ♀♀ nach den Armen oder nach der Genitalregion des ♂. Ein ♀ im Basler Zoo zeigt anstatt Beinfassen rhythmisches Hin- und Herwippen mit dem Vorderkörper.

Beinfassen tritt soweit erschließbar nur bei echten, d. h. sexuell motivierten Paarungen auf, wobei ich in diesem Zusammenhang nur das ♀ betrachte. Unter der Voraussetzung der entsprechenden Motivation (siehe unten), wirkt also das Begatten des ♂ auslösend für Beinfassen. Vermutlich erfolgt es dann meistens als Reaktion auf die Immissio penis.

Das Beinfassen bietet dem ♀ bei der Paarung einen zusätzlichen Kontakt mit dem ♂ und hilft dadurch vielleicht, die sexuelle „Energie" etwas zu „verbrauchen".

Die maßgebliche Motivation ist bestimmt die Paarungsbereitschaft oder, allgemein formuliert, eine sexuelle Erregung. Hetzende oder ängstliche ♀♀, die begattet werden, zeigen nämlich kein Beinfassen. Anderseits zeigen ♀♀ das Beinfassen vorwiegend nach typisch sexuellem Präsentieren. Auch pflegen sie bei Paarungen mit Beinfassen oft zu schmatzen, und es ist ziemlich kennzeichnend, daß sie warten, bis das ♂ von sich aus absteigt. Sofern die Immissio penis als auslösender Reiz wirkt, besteht die Motivation nebst der hohen Paarungsbereitschaft in einer rezeptiven sexuellen Erregung.

57. Paarungsgrunzen

„Grognement rythmé" (Goustard, 1961)

Elemente: *Zurückziehen der Kopfhaut:* Schwach, *Ohrenanlegen:* Mit dem Zurückziehen der Kopfhaut gekoppelt, *Paarungsgrunzen:* Rasche Serie von abgehackten Grunzlauten, etwa „kökökökö". Der Mund ist leicht geöffnet, etwa wie beim Drohgrunzen.

Das Paarungsgrunzen kann aus nur zwei bis drei „kö" zusammengesetzt sein, evtl. besteht es aber aus mehr als einem Dutzend. Junge ♀♀ äußern es allgemein häufiger und intensiver als alte.

Paarungsgrunzen tritt nur während oder unmittelbar nach einer Paarung auf. Setzt es schon während der Paarung ein, so dauert es nach der Paarung noch an. Oft eilt das ♀ während der Vokalisation fort, aber nicht bevor das ♂ spontan abgestiegen ist.

Über die Funktion des Paarungsgrunzens kann ich nichts aussagen. Gelegentlich lassen sich unspezifische Wirkungen beobachten: So verjagen z. B. junge ♂♂ nach der Paarung unter Umständen das grunzende ♀, wenn es in ihrer Nähe bleibt, auch dritte ♂♂ können es etwas angreifen. Auch kommen manchmal Alpha oder andere ♂♂ nachsehen, wenn sie Paarungsgrunzen hören. Doch dies ist alles selten.

Wie Beinfassen tritt Paarungsgrunzen nur im Zusammenhang mit Paarungen auf, bei denen das ♀ große sexuelle Bereitschaft zeigt. Dazu gehört auch die schon erwähnte Tatsache, daß das ♀ während der Paarung stillhält, bis das ♂ spontan absteigt, und nicht etwa vorzeitig fortspringt. Das Paarungsgrunzen setzt erst gegen Ende der Paarung ein, oft während der ruhigen Endphase, welche einer Ejakulation folgt. Es braucht aber nicht unbedingt eine Ejakulation stattzufinden. Aus alledem scheint mir deutlich zu werden, daß die Motivation des Paarungsgrunzens eine hohe sexuelle Erregung ist. Vermutlich ist die entscheidende Erregung rezeptiv, möglicherweise eine Art Orgasmus. Bei älteren ♀♀ scheint Paarungsgrunzen fast nur noch beim Oestrus aufzutreten, aber auch dann nicht regelmäßig.

J. Ausdruck der Bemutterungstendenz

ALLGEMEINES

Im Bemutterungsverhalten ist es sehr schwer, die „Gebrauchsfunktion“ von der Ausdrucksfunktion klar abzugrenzen. Tritt die bemutternde Verhaltensweise nicht gegenüber einem Säugling, sondern gegenüber einem älteren Partner auf, so wie bei den schon behandelten Ausdrucksleistungen „Pflegen“ und „Umarmen“, so ist die Ausdrucksfunktion offensichtlich. Doch gibt es auch eine Bemutterungsform, welche selbst bei Ausführung durch die Mutter gegenüber dem eigenen Säugling Ausdrucksfunktion haben kann, und dies ist das „An-sich-Pressen“ des Kleinen. An-sich-Pressen ist die ritualisierte Form des Haltens, dessen Gebrauchsfunktionen das Erhalten des für den Säugling lebenswichtigen Kontaktes mit der Mutter, unter Umständen auch Wärmen, Schützen oder Restriktion sind. Das Halten ist nun ritualisiert in all jenen Fällen, wo das Junge sich durch eigene Kraft festhält und wo die eben angeführten Funktionen nicht von Bedeutung sind. Da es überdies oft „übertrieben“ intensiv ausgeführt wird, nenne ich es „An-sich-Pressen“. Außer im Mutter-Kind-Kontakt kann es auch auftreten zwischen ♀ und fremdem Kind, zwischen ♂ und Kind und unter Kindern. Diese Fälle stehen dem Umarmen nahe, und da kann es im Sitzen auch vorkommen, daß sich das Junge nicht anklammert.

Das An-sich-Pressen vermittelt dem Säugling erhöhte Geborgenheit, was auch einer Gebrauchsfunktion nahekommt.

Die häufigsten Ausdrucksformen im Mutter-Kind-Kontakt sind aber nicht solche, die aus dem Bemutterungsverhalten stammen, sondern Ausdrucksleistungen der positiv-sozialen Kontaktbereitschaft wie Mimen und Schmatzen. Nicht behandelt werden all die Ausdrucksformen, welche die Mutter benützt, um das Kind zum Anklammern, Loslassen oder Wegbleiben zu bewegen. Diese Leistungen entwickeln sich in jedem Mutter-Kind-Paar von neuem und variieren daher von Fall zu Fall.

58. An-sich-Pressen

Elemente: *An-sich-Pressen:* An-sich-Pressen eines Jungen mit den Armen. Das Junge ist meistens an den Bauch des Aktors angeklammert. Meistens kommt *Mimen, Schmatzen* oder *Gerichtetes Stöhnen* hinzu, weiter auch: *Ruckeln, Hochgehen:* Der Aktor erhebt sich mitsamt dem Jungen, so daß er nur noch auf den Füßen steht. Der Vorderkörper ist vornübergebeugt, die Beine sind flexiert.

An-sich-Pressen zeigen fast nur die ♀♀, vor allem die adulten. Ab und zu ist es auch bei ♂♂ zu beobachten. Einzelne ♀♀ pflegen das Junge dabei nicht völlig zu umschlingen, sondern fassen es vor allem mit den Händen am Rücken und pressen es so an sich. Bei jungen Aktoren ist es oft wegen der Kürze der Arme gar nicht anders möglich. Auch Ruckeln und Hochgehen lassen sich nicht bei allen ♀♀ beobachten, bei einzelnen aber relativ häufig.

An-sich-Pressen tritt in zwei so verschiedenen Zusammenhängen auf, daß diese gesondert behandelt werden müssen.

1. An-sich-Pressen auf Grund einer echten Bemutterungstendenz: Eine Mutter kann An-sich-Pressen als Ausdrucksleistung zeigen, wenn ihr Säugling eine Zeitlang von ihr getrennt war — meistens geschieht das in der Form, daß ein anderes, dominantes ♀ das Junge ein Zeitlang bemuttert — und eben von der Mutter wieder an den Bauch genommen wurde. Manchmal kommt es auch zum An-sich-Pressen, wenn Mutter und Junges nach einer längeren Trennung ohne äußeren Zwang wieder zusammenfinden. Häufiger aber erfolgt An-sich-Pressen durch ♀♀, die fremde Junge für kürzer oder länger in ihre Obhut nehmen. Solche ♀♀ können auch Jungtiere sein, unter Umständen tun es auch junge ♂♂. Vor allem ein bestimmtes ♂ hütete im Alter von etwa zweieinhalb bis vier Jahren relativ häufig Säuglinge, wobei es z. T. auch ausdrucksmäßig An-sich-Pressen zeigte.

Die Wirkung des An-sich-Pressens als Ausdrucksleistung besteht wohl darin, daß dem Jungen damit erhöhte Geborgenheit vermittelt wird. Jedenfalls zeigen die Jungen auch bei intensivem Pressen nie irgendwelches Unbehagen, sondern klammern fest und halten bei der eigenen Mutter eine Zitze im Mund.

Die Motivation des An-sich-Pressens in den besprochenen Fällen ist fraglos eine Bemutterungs-Tendenz. Hochgehen kennzeichnet bei denjenigen Ind., welche dieses Element im „Repertoire“ haben, besonders hohe Intensität.

2. An-sich-Pressen unter Jungen auf Grund einer positiv-sozialen Kontaktbereitschaft:

Bei positiven Kontakten zwischen Jungen und Säuglingen klammern sich die Säuglinge öfters an die älteren Jungen. Manchmal zeigen die letzteren auf das hin An-sich-Pressen. Nach Streitereien unter Jungen, vor allem wenn es ♀♀ sind, läßt sich gelegentlich eine Art „Versöhnung“ beobachten: Meistens auf Initiative des größeren bzw. dominanten hin kommen die beiden Partner wieder zusammen und klammern sich aneinander, dabei ist das kleinere bzw. inferiore innen, am Bauch des anderen. Das größere hat die Mutter-Rolle inne und preßt meistens das kleine an sich, so gut es geht. Beide pflegen zu schmatzen oder andere Formen der sozialen Kontaktbereitschaft zu zeigen.

An-sich-Pressen als Reaktion auf das Klammern eines Säuglings hin fördert wohl die Geborgenheit, die der Säugling offenbar sucht. Nach Streit hilft es sicherlich wiederum der Vermittlung von Geborgenheit und dadurch zur Wiederherstellung einer positiven Beziehung. Die Motivation dürfte in obigen Fällen aber in erster Linie eine positiv-soziale Kontaktbereitschaft sein. Im ersten Fall zeigt der Aktor keinerlei Initiative zur Bemutterung, sondern handelt rein reaktiv. Das An-sich-Pressen ist nie intensiv, und der Aktor zeigt vor- und nachher vor allem eine Spieltendenz. Bei ♀♀ ist in derselben Situation die Bemutterungs-Tendenz stärker als bei ♂♂, und so kommt es dann oft zur längerdauernden und intensiven Bemutterung, was in den ersten Zusammenhang gehört (echte Bemutterungs-Tendenz). Im Falle der „Versöhnung" ist bestimmt auch die positiv-soziale Kontaktbereitschaft die grundlegende Motivation, welche den Kontakt überhaupt ermöglicht. Zum An-sich-Pressen selbst dürfte dann aber auch die Bemutterungs-Tendenz maßgeblich beitragen. Dies läßt sich aus der Konstanz in der Rollenverteilung, der Intensität und der Tatsache, daß der Aktor fast stets ein ♀ ist, schließen.

ANHANG

59. Knattern (mit Mimen)

„Staccato-grunt approach" (Shirek-Ellefson, 1967)

Elemente: *Fixieren, Zurückziehen der Kopfhaut, Ohrenanlegen:* Mit dem Zurückziehen der Kopfhaut gekoppelt, *Knattern:* Staccato-Grunzen, etwa „ak-ak-ak . . .", mit etwa 5 Einzellauten pro Sekunde. Der Oberkörper vibriert dabei sichtbar.

Knattern kommt in der Hauptsache den ♀♀ zu, doch in Einzelfällen hörte ich es auch von ♂♂.

Knattern äußern die ♀♀ ausschließlich gegenüber fremden Säuglingen, welche bei der Mutter oder, selten, bei einem andern Ind. sind. Dabei können folgende Situationen auslösend für das Knattern wirken: Die Mutter manipuliert am Jungen herum, und dieses sträubt sich (evtl. mit Gicksen); das Junge, welches frei ist, gickst aus irgend einem Grunde, und nun nimmt es die Mutter zu sich; die Mutter löst das Kleine von einem Ast oder so ab, an dem es sich festhält, und nimmt es zu sich; ein Ind. (evtl. der Aktor selbst) zieht am Jungen herum, welches sich an der Mutter festhält; das Junge greift vom Mutterschoß aus umher und sucht dabei evtl. Kontakt mit dem Aktor; das Kleine wird im Spiel von größeren umhergezerrt.

Es kommt vor, daß mehrere ♀♀ gleichzeitig wie im Chor knattern, wenn sich in ihrer Nähe ein entsprechender Vorgang abspielt.

Rowell und Hinde (1962) beobachteten beim *Rhesusaffen* „explosive cough" in ganz entsprechenden Situationen.

Eine direkte Wirkung des Knatterns ist nicht zu sehen. Manchmal aber habe ich den Eindruck, besonders wenn die Mutter ihr Kleines gerade untersucht, Knattern durch umgebende ♀♀ fördere bzw. erwecke bei ihr das Bestreben, ihren Säugling unbelästigt am Bauch zu haben. Denn dies ist meistens das Ende des ganzen Ablaufes.

Die Motivation des Knatterns muß eine Art von Bemutterungstendenz sein. Dies zeigen folgende Fakten: Das Knattern wird von ♀♀ gerichtet gegenüber Säuglingen ausgeführt; die Auslöse-Situationen umfassen fast immer einen Säugling in Schwierigkeiten. Gegen eine „normale" Bemutterungstendenz sprechen folgende Tatsachen: Ein Säugling allein, selbst wenn er verlassen ist und gickst, löst nie Knattern aus; ein knatterndes ♀ zeigt nur selten eine Tendenz zum aktiven Eingreifen.

Aus diesen Gegebenheiten schließe ich, daß die Motivation des Knatterns eine Bemutterungstendenz ist, bei welcher die Tendenz zum Zu-sich-Nehmen des Jungen durch die Anwesenheit der Mutter oder eines Mutter-Ersatzes gehemmt ist. Der Kind-Besitz der Mutter wird auch von dominanten ♀♀ „respektiert“. Gelegentlich wird ein Junges von einem dominanten jungen ♀ für kurze Zeit entführt, aber sonst nimmt kein ♀ einen fremden Säugling gegen den „Willen“ der Mutter zu sich.

Ein dreieinhalbjähriges ♂ knatterte einmal zu einem dreijährigen Menschenkind, als dieses vom Vater der Mutter abgenommen und auf die Brüstung gesetzt wurde.

K. Ausdruck des Unbehagens von Säuglingen

Als Säuglinge bezeichne ich Junge, die wenigstens gelegentlich noch an der Mutter saugen. Altersmäßig entspricht das dem ersten Lebensjahr.

Säuglinge geben ihrem Unbehagen vor allem durch sehr variable Vokalisationen Ausdruck. Zum Teil kommen noch Körperbewegungen wie Sich Schütteln dazu.

Von den mannigfaltigen Situationen, welche bei Säuglingen solche Ausdrucksformen auslösen können, seien die häufigsten aufgeführt: Der Säugling strebt zur Mutter, kommt aber nicht zum Ziel wegen eines physischen Hindernisses oder weil ihn die Mutter abweist; die Mutter laboriert zu intensiv an ihm herum, sie zieht ihn von sich, z. B. um seine Genitalien zu untersuchen, andere ♀♀ zerren zu fest an ihm, die Mutter mit dem Säugling am Bauch stößt mit ihm irgendwo an, er ist irgendwo heruntergefallen, Junge behandeln ihn im Spiel zu grob, er ist einer Aggression ausgesetzt ...

Die Wirkung dieser Äußerungen besteht im allgemeinen in einer Förderung der Bemutterungs-Tendenz bei der Mutter. So kann sie z. B. eine für das Junge schmerzhafte Manipulation einstellen, das Junge, das sie eben noch in Distanz hielt, zu sich nehmen usw. Die Motivation ist stets ein Unbehagen, eine Tendenz zur ruhigen Geborgenheit, evtl. zum Saugen. Gelegentlich wirkt auch Furcht mit.

Im folgenden werden nur die Grundformen beschrieben. Es sei aber jetzt schon darauf hingewiesen, daß innerhalb der einzelnen Formen große Variation herrscht, und daß es mannigfache Kombinationen unter den Grundformen gibt.

Mit zunehmendem Alter, vor allem nach dem ersten Lebensjahr, verlagern sich die Lautgebungen des Unbehagens immer mehr vom Mutter-Kind-Bereich in den allgemeinen Sozialbereich. Die damit verbundene ontogenetische Differenzierung der Laute wird an einem Beispiel im Kapitel „Ontogenese“ dargestellt.

60. Kurzes Säuglings-Gicksen

„Les cris des petits“ (GOUSTARD, 1963)
„Bared-teeth gecker face“ (VAN HOOFF, 1967)

Elemente: *Zähneblinken, Kurzes Säuglings-Gicksen:* Kurzes Gicksen in höchster Stimmlage, etwa: „zii“ bis „dzjjit“. Zusätzlich unter Umständen: *Zucken, Sich Schütteln:* Den ganzen Körper hin und her werfen. Hände und Füße behalten aber das Klammern bei.

Das Kurze Säuglings-Gicksen ist ungefähr wie das unter Ausdruck der Unterwürfigkeit behandelte Kurze Gicksen, nur reiner, weicher und höher in der Tonlage.

Zucken und Sich Schütteln sind typisch für Situationen, wo die Mutter eifrig am Jungen herumschafft. Allgemein sind Belästigungen auslösend für Kurzes Gicksen, nicht aber Trennungen von der Mutter.

Schon nach wenigen Lebensmonaten wandelt sich das Kurze Säuglings-Gicksen in Auslösung, Funktion und Motivation zum normalen Kurzen Gicksen. Die Form der Vokalisation bleibt länger auf der Säuglingsstufe, vermutlich bleibt sie auch nach der Ausbildung des gröberen Kurzen Gicksens als seltenere Variante über Jahre erhalten. Jedenfalls können auch ältere Junge zum Verwechseln ähnlich wie Säuglinge gicksen.

61. Anhaltendes Säuglings-Gicksen

„Les appels des petits" (GOUSTARD, 1963)

Elemente: *Zähneblinken, Anhaltendes Säuglings-Gicksen:* Anhaltende Äußerung eines hohen „i"-Lautes. Dieser wird meistens, vor allem in der Tonhöhe, variiert und am Ende „verzogen", etwa „iiiijj-", auch „iiijjt" oder „iiijjäh". Der Laut wird allgemein rhythmisch wiederholt. Es können hinzukommen: *Ohrenanlegen, Zucken.*

Bei sehr intensivem Anhaltendem Gicksen, welches die stärkste Lautäußerung des Säuglings ist, werden die einzelnen „iiijj" so nahe aneinandergehängt, daß ein andauerndes „iiijjiiijjiiijj . . ." entsteht, wobei nur zum Atemholen kleine Absätze eingeschaltet werden. Es gibt auch Zwischenformen zwischen dem Kurzen und Anhaltenden Säuglings-Gicksen.

Das Ohrenanlegen ist erst bei etwas älteren Säuglingen als solches kenntlich, da ganz junge Ind. die Ohren meistens sowieso angelegt haben.

Individuelle Eigenheiten sind mir nicht bekannt. Andererseits konnte ich schon feststellen, daß Mütter die Stimme ihres anhaltend gicksenden Säuglings erkannt haben (siehe unten).

Der häufigste Grund zum Anhaltenden Säuglings-Gicksen bildet eine Trennung von der Mutter. Vor allem wenn das Junge überhaupt verlassen ist, tritt intensivstes Anhaltendes Gicksen auf.

In folgenden Situationen tritt regelmäßig eine Zwischenform zwischen Kurzem und Anhaltendem Gicksen auf: der Säugling folgt der Mutter, kommt aber beispielsweise irgendwo nicht hoch. Nun äußert er etwa „dziiit", worauf die Mutter sofort herbeizueilen und den Kleinen hochzuziehen pflegt.

Ein Beispiel, welches zeigt, daß Mütter ihre Jungen an der Stimme erkennen können: Bei der Anlage im Basler Zoo sind Freianlage und Innengehege durch einen unterirdischen Tunnel miteinander verbunden. Bevor die Freianlage gereinigt wird, werden die Affen jeweils hineingetrieben. Bei einer derartigen Aktion nun blieb auch einmal ein schon ziemlich selbständiger Säugling auf dem Felsen zurück und begann intensiv anhaltend zu gicksen. Noch während die letzten Ind. in den Tunnel rasten sprang die Mutter von dort wieder heraus und holte ihren kleinen Sohn vom Felsen herunter. — Vom Tunnel aus besteht keine Einsicht, weder ins Innengehege noch nach außen, vom Innengehege aus können die Affen vom Gitter oben her einen Teil der Freianlage sehen. Die Raschheit der Reaktion schließt aber aus, daß die Mutter von so weit her kam. Es muß auch erwähnt werden, daß wie üblich bei solchen Umsetzungen auch viele andere Kleine, die z. B. neben ihren Müttern her eilten, auf verschiedene Art gicksten und daß manche Affen auch warnten usw., so daß ein großer Lärm herrschte.

Das Anhaltende Gicksen ist Ausdruck eines intensiveren Unbehagens als beim Kurzen Gicksen, entsprechend ist auch seine Wirkung deutlich größer. Daß die Erregung dabei sehr groß ist, zeigt auch die Tatsache, daß ein gedehnt gicksender Säugling nichts anderes macht als eben gickst, evtl. noch verstärkt durch Zucken oder Sich Schütteln. Er bleibt also am Ort, evtl. angeklammert, und schreit aus vollem Hals.

62. Flöten (Abb. 16)

„Les appels des petits" (GOUSTARD, 1963)
„Pout face" (VAN HOOFF, 1967)

Elemente: *Flöten:* Mit vorgestülpten Lippen äußern eines Flötentones, etwa „müh-". Wird ziemlich unregelmäßig wiederholt.

Oft wird die Tonlage des „müh" am Schluß etwas höhergezogen. In anderen Fällen fällt der Ton dagegen von vorne nach hinten ab. Flöten wird gerne kombiniert mit Anhaltendem Gicksen, so daß z. B. Äußerungen wie „iijjüh" oder „mühijjäh" zustandekommen. Solche Vokalisationen sind dann

Abb. 16. Zwei anderthalbjährige Junge flöten (62.) in Erwartung des Wärters

meistens recht laut, das reine Flöten dagegen wird manchmal kaum hörbar fein geäußert. Da Flöten stets über eine gewisse Zeit, evtl. über viele Minuten, wiederholt und dabei variiert wird, ergeben sich z. T. originelle kleine „Gesänge".

Säuglinge flöten nur, wenn sie nicht am Bauch der Mutter sind. Manchmal beginnen sie damit direkt als Reaktion auf ein Entführtwerden von der Mutter durch ein dominantes ♀. Doch am häufigsten flöten ältere Säuglinge, die zur Mutter wollen, von ihr aber abgewiesen wurden und evtl. immer wieder werden. Flöten fördert vermutlich bei der Mutter die Tendenz, das Junge zu sich zu nehmen bzw. kommen zu lassen. Denn wenn ein Junges lange genug flötet, vor allem wenn es ab und zu noch anhaltend gickst und zwängt, so erreicht es schließlich meistens sein Ziel. Nimmt es die Mutter an, so verstummt es augenblicklich.

Das Flöten ist normalerweise nicht besonders laut, es wird meistens über längere Zeit immer wieder geäußert, es verdrängt im Gegensatz zum Anhaltenden Säuglings-Gicksen nicht sämtliches anderes Verhalten, was alles darauf hinweist, daß die Motivation mehr eine Stimmung als eine akute Erregung ist. Bei konkreten Auseinandersetzungen mit der abweisenden Mutter z. B. oder in anderen akut unangenehmen Situationen wird Anhaltendes Gicksen eingeschaltet, oder dieses wird mit Flöten kombiniert.

Hier sei noch angefügt, daß z. T. schon Säuglinge, vor allem aber Junge im zweiten oder dritten Lebensjahr gerne flöten, wenn z. B. Fütterungen oder Umsetzungen bevorstehen. Dabei zeigen sie keine Annäherungs-Tendenz zur Mutter mehr. Dort ist der Charakter einer Stimmung noch deutlicher (vgl. Möggen).

63. Zwängen mit Gicksen

(Entspricht dem bekannten „temper tantrum" des Schimpansen)

Elemente: *Zähneblinken, Anhaltendes Säuglings-Gicksen:* Intensiv, *Umherrucken:* Das Junge ist nicht angeklammert, sondern frei. Es ruckt mit wilden Zuckungen umher, was aussieht wie ein unkoordiniertes Sich-Schütteln. Daran anschließend evtl.: *Fortrennen und Sich Drücken:* Mit rundem Rücken und Kopf tief fortrennen und sich in eine Nische oder an einen Gegenstand schmiegen. Das Gicksen geht ununterbrochen weiter.

Beim Zwängen ist das Gicksen stets intensiv, es variiert aber natürlich auch. Das Umherrucken erfolgt fast nur bei der Mutter und ist sehr variabel. Es kann im Sitzen, Liegen oder geduckten Stehen ausgeführt werden, es kann den ganzen Körper oder nur Teile davon, dann meistens den Oberkörper mit Kopf und Armen (im Sitzen), betreffen. Zwischenhinein wird oft geflötet. Höhepunkt und vorläufigen Abschluß des Zwängens bildet oft Fortrennen von der Mutter mit Sich Drücken. Das Gicksen geht dabei unverändert weiter, doch nachher pflegt es bald aufzuhören (z. T. weil sich jemand um den Aktor kümmern kommt, z. T. ohne äußeren Einfluß).

Zwängen mit Gicksen tritt nur auf, wenn der Säugling, der zur Mutter an den Schoß will, abgewiesen wird. Nützt alles nichts, so erfolgt oft als Abschluß Fortrennen und Sich Drücken. Dann kann das Zwängen nach einer Weile Flöten oder sogar etwas Ruhe wieder von vorne beginnen.

Es wirkt auf die Mutter gleich wie das Flöten. Manchmal, vor allem nach Fortrennen und Sich Drücken, kommen auch fremde ♀♀ zum Aktor und bemuttern ihn mehr oder weniger (z. B. ist auch Pflegen nicht selten). Junge beiderlei Geschlechts kommen auch gelegentlich und pressen z. T. den Aktor sogar an sich, meistens versuchen sie aber, spielerischen Kontakt aufzunehmen. Zwängen, vor allem aber Fortrennen und Sich Drücken, fördert also auch bei anderen Ind. die Bemutterungs-Tendenz, z. T. auch einfach eine positiv-soziale Kontaktbereitschaft. Niemals sah ich irgend jemanden außer der Mutter so einen kleinen Schreihals angreifen oder auch nur bedrohen, obwohl durch das Umherrucken usw. öfters andere Ind. etwas belästigt werden.

Zwängen mit Gicksen ist Ausdruck eines intensiven Strebens nach Geborgenheit und Trunk bei der Mutter. Dies dürfte aus obigem eindeutig hervorgehen. Beim Fortrennen oder Sich Drücken im speziellen ist wohl in der Motivation noch eine Komponente der Resignation dabei. Doch scheint diese Resignation, dieses Kapitulieren-Müssen, im Moment den Erregungszustand des Aktors noch zu erhöhen, erst nachher sinkt die Erregung gemäß der normalen Wirkung der Resignation, und das Gicksen hört auf. Der Aktor kann jetzt auch wieder andere Beschäftigungen aufnehmen.

Das Schwanzpeitschen beim Verkreischen entsteht ontogenetisch vermutlich aus dem Umherrucken beim Zwängen.

L. Ausdrucksformen der kollektiven sozialen Verbundenheit

ALLGEMEINES

Die formal ganz verschiedenen Lautäußerungen, die in diesem Kapitel behandelt werden, haben folgende Gemeinsamkeiten: Sie werden ungerichtet ausgeführt und meistens über eine längere Zeitspanne hinweg unregelmäßig wiederholt. Nach einer oder einigen gleichzeitigen Initialäußerungen breitet sich das Rufen rasch aus, und bald vokalisieren sehr viele Ind. im Verein, ein Phänomen, das SCHENKEL „chorisch" nennt. Beim Javaneraffen ist solch chorisches Rufen nicht organisiert, die einzelnen Ind. vokalisieren verschieden und regellos durcheinander. Immerhin sind einzelne Ind. wie z. B. das Alpha-♀ besonders wirkungsvoll als Initianten solcher Wellen von Lautäußerungen.

Alles deutet darauf hin, daß die Motivation dieser Vokalisationen Stimmungen der kollektiven sozialen Verbundenheit in verschiedenen Abwandlungen sind. Stimmungen deshalb, weil die Erregung stationär und ohne unmittelbare Aktionstendenz ist. Kollektiv sozial verbunden soll heißen, daß die Stimmungen positiv und generell auf die übrigen Gruppenmitglieder bezogen sind. Daraus ergibt sich eine entspannte, positiv getönte Stimmungsverbundenheit, welche die Vertrautheit unter den Gruppenmitgliedern und damit den Zusammenhalt der Gruppe fördert.

Unter den zur Rede stehenden Rufen gibt es sowohl große Variationen als auch enorme individuelle Unterschiede und Vermischungen bzw. Zwischenformen. Es ist mir daher vorläufig nur möglich, einige gut kenntliche und häufige Formen zu schildern.

Ruhiges Grunzen, Ungerichtetes Stöhnen und Knarren treten im Zoo auf nach Umsetzungen (d. h. zwangsweise erfolgenden Dislokationen vom Innenins Außengehege oder umgekehrt, meistens im Zusammenhang mit der Käfig-Reinigung), wenn der Wärter geht, vor der Fütterung, beim Fressen und nach Regen. Oft scheint es auch ohne äußeren Einfluß aufzutreten.

Möggen ist typisch für ♀♀ und Juvenile vor der Fütterung und beim Fressen. Gelegentlich scheint es spontan aufzutreten, und einmal beobachtete ich es bei einem ♀, das ihr Junges suchte, welches tot aus dem Gehege entfernt worden war. Entsprechende Beobachtungen machte auch GOUSTARD (1963). Beim Möggen existiert also noch eine Motivationskomponente der Erwartung und Appetenz. Das Quieken schließlich enthält eine Komponente der Unterwürfigkeit. Es umfaßt das Ausdruckselement Zähneblinken und wird vorwiegend von Jungen in der Nähe von Alpha oder anderen Ranghohen ausgeführt.

64. Ruhiges Grunzen (mit Mimen)

„Les émissions de son en rapport avec la nourriture" (?) (GOUSTARD, 1963)

Elemente: *Zurückziehen der Kopfhaut, Ohrenanlegen:* Mit dem Zurückziehen der Kopfhaut gekoppelt, *Ruhiges Grunzen:* Kurzes, sanftes Grunzen mit ruhig rollendem „r". Der Mund wird dabei leicht hochgeworfen.

Das Ruhige Grunzen tönt etwa gleich wie wenig intensives Drohgrunzen. Es ist aber kürzer, nämlich nur etwa $^1/_2$ Sekunde (die gesamte Ausdrucksleistung). Es gibt Übergangsformen zum Ungerichteten Stöhnen und zum Knarren. Die adulten ♂♂ zeigen meistens ein auffälliges, besonders kurzes und tiefes Grunzen, das sich vom Ruhigen Grunzen der übrigen Ind. deutlich unterscheidet. Das Mimen wird meistens nur schwach angedeutet.

Außer in den im allgemeinen Teil aufgeführten Situationen kann Ruhiges Grunzen auch beim Zusammensitzen und vor allem beim Pflegen auftreten.

Ältere Jungtiere (ab etwa drei Jahren) äußern Ruhiges Grunzen gelegentlich auch in Spielpausen.

Die Motivation ist wohl meistens eine allgemein soziale Stimmung, ohne spezielle Tendenzen. Sie scheint ziemlich schwach zu sein, denn der Aktor zeigt dabei ungestörtes Gebrauchsverhalten, wie Lokomotion, Nahrungsaufnahme usw. Beim Zusammensitzen und beim Pflegen ist dagegen wohl vor allem eine individuell bezogene, positiv-soziale Kontaktbereitschaft bedeutungsvoll.

65. Ungerichtetes Stöhnen (mit Mimen)

Elemente: *Zurückziehen der Kopfhaut, Ohrenanlegen:* Mit dem Zurückziehen der Kopfhaut gekoppelt, *Stöhnen.*

Variation und individuelle Unterschiede sind beim Ungerichteten Stöhnen dieselben wie beim Gerichteten Stöhnen, nur ist es stets relativ kurz, und der Kopf wird nie deutlich vorgestreckt, weil ja kein Adressat da ist. Es gibt Übergangsformen vor allem zum Knarren.

Beim Ungerichteten Stöhnen ist die Stimmung intensiv, denn es ist eher selten und tritt nur auf, wenn dieselbe Stimmung der kollektiv sozialen Verbundenheit in der Gruppe schon stark zum Ausdruck kommt.

66. Knarren (mit Mimen)

Elemente: *Zurückziehen der Kopfhaut, Ohrenanlegen:* Mit dem Zurückziehen der Kopfhaut gekoppelt, *Knarren:* Äußern von rauhen, langgezogenen Lauten wie „chrüh-“, „chröh-“ und „chäch“. Es gibt Übergangsformen zum Ruhigen Grunzen, Ungerichteten Stöhnen und Quieken.

Knarren löst bei anderen Gruppenmitgliedern stärker Äußerungen einer allgemein sozialen Stimmung aus als Ungerichtetes Stöhnen. Kaum Zufall dürfte folgende Beobachtung sein: Das Alpha-♀ äußert in einer Phase der Stille als erste Knarren, worauf zuerst ihre adulte Tochter mit Quieken antwortet, dann viele andere Ind. mit verschiedenen Lautäußerungen beginnen. Man ist versucht, Knarren als individuellen Stimmfühlungslaut zu bezeichnen.

Bei der Motivation des Knarrens ist im Vergleich zu derjenigen des Ungerichteten Stöhnens die Tendenz zum akustischen Kontaktnehmen und -halten wohl intensiver.

Goustard (1963) behandelt einige Lautäußerungen eines ranghohen ♀ als „les manifestations sonores liées à la surveillance des petits“. Ich vermute, es handelt sich um typisches Knarren.

67. Möggen

„Appel“ (Goustard, 1963)

Elemente: *Möggen:* Äußern eines „möh-“. Die Lippen sind dabei etwas vorgestülpt. Andeutungsweise erfolgt oft auch Mimen.

Die individuellen Unterschiede sind bei keiner Lautäußerung so auffallend wie beim Möggen. Sowohl Tonhöhe als auch Klangfarbe differieren gewaltig. Bei manchen Ind. ist der Ton auch rauher als bei andern. ♂♂ lassen selten Möggen hören.

Die zugrundeliegende Stimmung, die Motivation, muß in erster Linie ein gewisser Hunger („Freßtendenz“) sein. Anderseits wird aber auch eine Bereitschaft zum allgemeinen Sozialkontakt, wie er in den soeben beschriebenen Vokalisationsformen, dann auch im Quieken und Spielen zum Ausdruck kommt, beteiligt sein. Die Fütterung selbst löst ja dann eine intensive Stimmung der kollektiv sozialen Verbundenheit aus, und schon vorher treten Wellen von intensiver Ausprägung dieser Stimmung auf. Dazwischen und bei manchen Ind. fast ausschließlich wird Möggen geäußert. Dabei fehlt eine Tendenz zur effektiven Kontaktnahme mit anderen Ind., wie sie für die eben erwähnten andern Formen typisch ist. Möggende Ind. sitzen fast immer ruhig und warten, oft mit Blick in Richtung, wo der Wärter auftauchen wird, auf die Fütterung.

Somit wäre die Motivation des Möggens in solchen Fällen als Hunger mit einer Tendenz zum akustischen Kontakthalten mit den übrigen Gruppen-Individuen zu charakterisieren.

Bei der Mutter, die möggend nach ihrem Jungen sucht, ist der Hunger ersetzt durch die Bemutterungstendenz.

Ontogenetisch entsteht das Möggen aus dem Flöten heraus. Schon Einjährige beginnen in denjenigen Situationen, wo die Älteren möggen, zu flöten. Mit etwa drei Jahren ist das Flöten weitgehend ins Möggen umgewandelt. Die endgültige Form tritt vermutlich mit der Geschlechtsreife ein. Mit dem Formwandel einher geht ein Motivationswechsel. Von der ursprünglichen Tendenz zu Geborgenheit und Saugkontakt wandelt sie sich über eine Stimmung des Verlassenseins zu einer „kollektiven Hungerstimmung“. Was bleibt, sind Unbehagen und Erwartung.

68. Quieken

Elemente: *Zähneblinken:* Nur andeutungsweise, *Quieken:* Äußern eines Lautes zwischen „klü“ und „chjiii“.

Beim gerichteten Quieken kommen dazu: *Fixieren, Zurückziehen der Kopfhaut, Ohrenanlegen:* Mit dem Zurückziehen der Kopfhaut gekoppelt.

Quieken kann sowohl ungerichtet als auch gerichtet ausgeführt werden. Es finden sich Übergangsformen zum Knarren.

Quieken kann in denselben Situationen auftreten wie Ruhiges Grunzen, Ungerichtetes Stöhnen und Knarren. Zusätzlich wirkt oft das Erscheinen Alphas, gelegentlich auch eines andern ranghohen Ind. auslösend. Mehr oder weniger spontan tritt Quieken vor allem bei Jungen in der Nähe Alphas, gelegentlich auch anderer ranghoher Individuen auf.

Quieken breitet sich meistens rasch aus und löst auch die anderen Ausdrucksformen der kollektiv sozialen Verbundenheit aus. Da daraus öfters spielerische Kontakte von Jungen mit Alpha und anderen ranghohen Individuen resultieren, besteht vielleicht eine spezielle Funktion des Quiekens darin, daß es die positiven Kontakte und damit auch die Beziehungen zwischen Jungen und Ranghohen fördert.

Die Motivation ist auch hier gewiß eine allgemein soziale Stimmung, aber in der Regel mit spezifischem Bezug auf ranghohe Ind., also nur beschränkt allgemein. Auf diese ranghohen Ind. bezieht sich auch die oft stark ausgeprägte positiv-soziale Kontaktbereitschaft: Oft führt diese aber auch beiderseits zu spezifischen Ausdrucksformen der positiv-sozialen Kontaktbereitschaft und zum Spiel. Quiekende Junge balgen sich sehr oft spielerisch ganz in der Nähe z. B. Alphas. Dabei sind die Spielpartner sehr wahrscheinlich weitgehend Ersatzobjekt für den Ranghohen. Bei adulten Ind. ist oft keine positiv-soziale Kontaktbereitschaft bzw. Spieltendenz mehr zu erkennen. Dementsprechend sind hier auch Übergangsformen zum Knarren häufig. Adulte ♂♂ und das Alpha-♀ hörte ich nie quieken.

M. Warnen

ALLGEMEINES

Das Warnen des Javaneraffen besteht aus lauten, abgesetzten, z. T. sehr schrillen Vokalisationen, welche dem Drohgrunzen, Keifen und Protestschrei ähneln. Einzelne Formen werden oft ausdauernd wiederholt. Das Warnen wird ausgelöst durch die Wahrnehmung von Artfeinden (im Zoo vor allem Wärter und große Vögel). Gelegentlich wird ein „Warnruf" als Protestschrei gegenüber Alpha eingesetzt (s. 44.).

Die Funktion des Warnens besteht einerseits in einem sofortigen Alarmieren der ganzen Gruppe. Die meisten oder alle Ind. schauen rasch zum Aktor und dann in die Richtung, in welche der Aktor schaut. Je nachdem warnen bald viele Ind. Die Säuglinge rennen im allgemeinen zu ihren Müttern. Anderseits hat es auch eine, allerdings schwer faßbare, Wirkung auf den Artfeind. Der Mensch jedenfalls empfindet ein über längere Zeit wiederholtes Warnen als „aufsässig" und damit lästig.

Die Motivation ist zusammengesetzt aus zwei bzw. drei Komponenten: Durch die Wahrnehmung eines Feindes wird die Fluchttendenz ausgelöst. Dazu kommt eine Tendenz, die anderen Gruppenmitglieder zu alarmieren, und diese Tendenz bildet das Kriterium des Warnens. Oft wirkt der Flucht-Tendenz auch eine leichte Aggressivität entgegen. Sehr wahrscheinlich hemmen auch Alarmierungs- und Flucht-Tendenz einander, denn es wird viel mehr an Ort gewarnt als auf der Flucht.

Die einzelnen Warnformen unterscheiden sich in der Motivation durch unterschiedliche Proportion der Komponenten und durch verschiedene Intensität der Gesamterregung. Die auffälligste Warnform, das Schrille Warnen, ist gekennzeichnet durch hohe Gesamterregung wegen intensiver Alarmierungs-Tendenz und relativ intensiver Fluchttendenz, die Aggressivität dagegen ist hierbei unbedeutend. Beim Warngrunzen ist die Gesamterregung viel geringer, der Anteil der Aggressivität relativ größer. Beim Keifwarnen sind Aggressivität und Alarmierungs-Tendenz sehr intensiv, und fürs Stoßwarnen ist ein Überraschungsmoment bei der Auslösung kennzeichnend.

69. Warngrunzen

„La peur" (?) (Goustard, 1963)

Elemente: *Warngrunzen:* Äußern eines „harten" Grunztons, etwa „krör".

Warngrunzen variiert von einem leisen, nur schwer vom kurzen Ruhigen Grunzen zu unterscheidenden Grunzen bis zu einem sehr lauten und „harten" Grunzen. Es gibt stufenlos Übergangsformen zum Schrillen Warnen.

Warngrunzen tritt im Zoo auf beim Erblicken des Wärters oder eines großen Vogels (z. B. Reiher und Pfau) aus Distanz. Gelegentlich können auch Besucher, passierende Großtiere und anderes (wie z. B. Maschinen) Warngrunzen auslösen. Auch nach Schrillem Warnen und Keifwarnen wird oft eine Weile Warngrunzen geäußert, bevor Ruhe eintritt.

Die Wirkung des Warngrunzens auf andere Ind. ist nicht besonders groß. Rasches Hinsehen zum Erreger des Warnens erfolgt meistens, damit hat es aber oft sein Bewenden. Alles deutet darauf hin, daß Warngrunzen die schwächste Form des Warnens darstellt, die Erregung ist wenig intensiv.

70. Schrilles Warnen

„L'alerte" (?) (GOUSTARD, 1963)

Elemente: *Schrilles Warnen:* Äußern eines schrillen „kriä". Der Mund wird dabei geöffnet, und die Zähne werden leicht entblößt.

Es existieren stufenlos Übergangsformen zum Warngrunzen.

Schrilles Warnen tritt im Zoo vor allem auf, wenn der Wärter das Gehege betritt oder sich sonst auffällig benimmt, gelegentlich auch wenn z. B. ein Reiher nahe am Gehege vorbeifliegt, ein neuartiger Gegenstand ins Gehege gelangt ist, usw.

Schrilles Warnen erregt sofort die Aufmerksamkeit aller Gruppenmitglieder, und die Säuglinge rennen zu ihren Müttern. Die alarmierten Individuen schauen sofort zum Aktor und dann zum auslösenden Subjekt. Oft wechseln sie den Standort, um die Gefahr überhaupt oder besser zu sehen. Vielfach äußern sie darauf selbst auch Schrilles Warnen, in der Regel aber zumindest ein Warngrunzen.

71. Keifwarnen

„L'attaque rythmée" (?) (GOUSTARD, 1963)

Elemente: *Keifwarnen:* Äußern von Lauten zwischen Keifen und Warngrunzen, *Fellsträuben.* Oft kommt auch *Ohrenspreizen* hinzu.

Da Keifwarnen selten ist und jeweils von fast allen Affen zugleich geäußert wird, kann ich im Moment weder über die Variation noch über individuelle Unterschiede präzise Angaben machen.

Keifwarnen tritt auf, wenn größere Vögel, wie Storch, Reiher, Pfau und Möwen, sich dem Gehege nähern oder nahe darüber hinwegfliegen. Während des Keifwarnens nähern sich die Affen oft dem Vogel und variieren die Intensität der Äußerung gemäß dem Abstand und dem Verhalten des Vogels.

Meistens wird der Vogel so sehr bald verscheucht. Das intensivste Keifwarnen, das ich je erlebt habe, löste ein Storch aus, der etwa fünf Meter neben dem Gehege landete. Sämtliche Affen eilten herbei und vollführten einen Riesenlärm, so daß der Storch nach wenigen Sekunden wieder aufflog und abstrich. Die Tatsache, daß Keifwarnen jeweils bald etwa von der ganzen Gruppe geäußert wird, zeigt die große Alarmwirkung und die Förderung der Aggressivität gegen den Vogel bei fast allen Individuen.

Im Freileben wird Keifwarnen wohl allgemein gegen Feinde und Störenfriede eingesetzt, welche die Affen erfahrungsgemäß vertreiben können. In anderen Fällen wird es wohl oft einfach versucht, Voraussetzung ist nur eine genügend große Aggressivität.

72. Stoßwarnen

Elemente: *Stoßwarnen:* Äußern eines einzelnen „choh" bis „ghrüh".

Stoßwarnen ist sehr selten. Kennzeichnend ist auch ein Zusammenfahren des Aktors.

Bei den wenigen Malen, wo ich Stoßwarnen beobachtete, war ein über dem Aktor hinwegfliegender Vogel oder ein ins Gehege geworfener Ast die Ursache. Jedesmal fuhr der Aktor zusammen. Einmal äußerte ein adultes ♂ Stoßwarnen, als ein auf der Flucht befindliches ♀ von einem Baum auf den andern sprang und der Landeast krachte. Das ♂ hatte zugesehen und vokalisierte nun, ohne zusammenzufahren.

Stoßwarnen erregt wie Schrilles Warnen sofort die Aufmerksamkeit der übrigen Gruppenmitglieder, doch pflegen diese dann nicht zu warnen.

Die Motivation ist wohl Schreck (sehr plötzlich eintretende Fluchttendenz) mit Alarmierungs-Tendenz. Sogar beim Beispiel des ♂ ist Schreck als Motivation anzunehmen, erstaunlich bleibt nur die Alarmierungs-Tendenz. Vermutlich spielte ein momentaner, besonderer innerer Zustand des ♂ mit. Es wäre z. B. denkbar, daß eine Bereitschaft zum Hetzgrunzen bestand, durch den Schreck wurde dann in der Art einer „facilitation" Stoßwarnen ausgelöst.

N. Ausdruck im Spielverhalten

ALLGEMEINES

Voraussetzung für jede Art von Spiel ist eine entspannte Grundsituation. Diese ermöglicht die fürs Sozialspiel kennzeichnende, sehr ausgeprägte positive Kontaktbereitschaft. Dementsprechend ist Mimen die häufigste Ausdrucksleistung im Spiel.

Da alle Bereiche des Sozialverhaltens im Spiel auftreten, sind dabei auch die verschiedensten Ausdrucksformen zu beobachten. Im Gegensatz zum erwähnten Mimen entsprechen aber bei den übrigen Ausdrucksformen Auslösung, Wirkung und Motivation nicht den Verhältnissen bei adulten Ind., sondern sind Spiel-spezifisch. Die häufigsten derartigen Ausdrucksformen sind solche aus dem Imponier-Bereich (Schwanzaufrichten, Rütteln, Hopsen) und aus dem Sexualbereich (Präsentieren, Aufreiten).

Im einzelnen seien nun aber nur diejenigen Ausdrucksleistungen besprochen, die auch der Form nach Spiel-spezifisch sind.

Dabei handelt es sich um Mundaufsperren, eine Abwandlung des Mimens und zwei spezifisch juvenile Vokalisationen. Die Wirkung besteht bei den gerichtet ausgeführten, mimischen Formen in einer starken Förderung der spielerischen Kontaktbereitschaft des Partners. Bei den ziemlich ungerichtet geäußerten Vokalisationen ist die Wirkung weniger deutlich.

Verschiedene, kaum ritualisierte Formen der Aufforderung zum Sozialspiel, wie sie auch adulte ♂♂ zeigen können, werden nicht speziell behandelt. Ein Beispiel dazu wäre das Genitaliendarbieten in Seitenlage oder Rückenlage.

73. Spielerisches Mundaufsperren (Abb. 13)

„Relaxed open-mouth face" (Van Hooff, 1967)
„Play-face" (Shirek-Ellefson, 1967)

Elemente: *Spielerisches Mundaufsperren:* Mundaufsperren mit leichtem Entblößen der Zähne. Dies ist meistens verbunden mit *Fixieren, Zurückziehen der Kopfhaut, Ohrenanlegen:* Mit dem Zurückziehen der Kopfhaut gekoppelt, und gelegentlich auch *Wimmern* (s. 76.).

Spielerisches Mundaufsperren erfolgt regelmäßig zu Beginn und allgemein in den ruhigeren Phasen des Spielkampfes. Es ist eindeutig eine Intentionsbewegung zum spielerischen Beißen. Doch wird dies oft sehr übertrieben, und vor allem dauert es z. T. mehrere Sekunden, bis dann tatsächlich, und erst noch nicht immer, ein Biß folgt, so daß es als ritualisiert angesehen werden muß.

Spielerisches Mundaufsperren wird vom Partner zweifellos als spielerische Beißintention „verstanden" und fördert bei ihm die Tendenz, sich mit dem

Aktor zu balgen. Vor allem mit Mimen zusammen kann es z. B. ängstliche Partner sichtlich ermuntern.

74. Spielerisches Anvisieren

Elemente: *Fixieren, Zurückziehen der Kopfhaut:* Maximal, *Ohrenanlegen:* Mit dem Zurückziehen der Kopfhaut gekoppelt, *Einknicken:* Arme und Beine sprungbereit flexieren. Meistens auch: *Vorstrecken des Kopfes:* Meistens mit dem Kopf sehr tief, *„Imponierendes" Schwanzaufrichten.*

Spielerisches Anvisieren ist ähnlich wie Imponierendes Anvisieren. Der Hauptunterschied besteht darin, daß hier durch Einknicken eine Sprungintention dazukommt. Manchmal erfolgt das Ganze sogar in kauernder Stellung. Zudem kann der Aktor beim Spielerischen Anvisieren dem Rezeptor auch den Hinterteil oder die Breitseite zugewendet halten.

Spielerisches Anvisieren tritt weitgehend spontan als Einleitung zu spielerischen Verfolgungsjagden auf, auch in statischen Phasen des Verfolgungsspiels als Einleitung zur jeweils nächsten Jagd.

Es ist eine Aufforderung an den Rezeptor, auf den Aktor loszugehen und ihm nachzurennen. Bevor der Rezeptor „angreift", zeigt er Mimen oder auch seinerseits allerdings wenig ausgeprägtes Spielerisches Anvisieren. Manchmal manifestiert er mit ebenfalls intensivem Anvisieren die Tendenz, selbst fortzurennen und sich verfolgen zu lassen. Mehrheitlich greift der Rezeptor früher oder später an, und derjenige, der zuerst anvisiert hat, flieht. Nur ganz selten bleibt Spielerisches Anvisieren völlig unbeantwortet. Die unmittelbare Motivation ist im Unterschied zum Spielerischen Mundaufsperren eine Tendenz loszurennen.

75. Spiel-Kurzgrunzen

Elemente: *Spiel-Kurzgrunzen:* Äußern eines zarten, kurzen „ür".
Zurückziehen der Kopfhaut: Schwach. *Ohrenanlegen:* Mit dem Zurückziehen der Kopfhaut gekoppelt.

Spiel-Kurzgrunzen tritt vor allem in Spielpausen auf, aber auch in ruhigen Phasen des Spiels (gemeint ist immer das Sozialspiel). Innerhalb obiger Situationen scheint es spontan zu sein. Gelegentlich tritt es auch außerhalb des Spiels auf.

Eine direkte Wirkung ist nicht zu beobachten. Vielleicht dient es dazu, mit den Spielpartnern akustisch in Kontakt zu bleiben.

Beim Spiel-Kurzgrunzen fehlt vermutlich eine unmittelbare Aktions-Tendenz wie bei den vorhergehenden Formen. Vielmehr liegt die Motivation in der Form einer Stimmung, also einer sozialen Spielstimmung vor.

In der Ontogenese tritt Spiel-Kurzgrunzen schon bald (ab etwa zweitem Lebensjahr) auch in denjenigen Situationen auf, wo adulte Ind. Ruhiges Grunzen äußern. Anderseits äußern ältere Junge gelegentlich Ruhiges Grunzen in Situationen, wo Kleine Spiel-Kurzgrunzen äußern. Da auch formal alle Übergänge zwischen Spiel-Kurzgrunzen und Ruhigem Grunzen zu finden sind, ist anzunehmen, daß Spiel-Kurzgrunzen sich ontogenetisch ins Ruhige Grunzen umwandelt.

76. Wimmern (mit Mimen)

Elemente: *Fixieren, Zurückziehen der Kopfhaut, Ohrenanlegen:* Mit dem Zurückziehen der Kopfhaut gekoppelt, *Wimmern:* Mit zugespitztem Mund äußern eines fast stimmlosen, anhaltenden Gewimmers, etwa: „mmh . . ."

Das Wimmern dauert oft mehrere Sekunden, und das Mimen ist dabei meistens intensiv.

Wimmern zeigen nur Junge bis zu etwa zwei Jahren. Es gibt Übergangsformen zum Spiel-Kurzgrunzen und Quieken.

Wimmern tritt nur bei spielerischen Kontakten auf, wobei die Partner einander meistens halb ruhig umarmen halb miteinander balgen, oder wobei die zumeist männlichen Aktoren (es können mehrere zugleich sein) mehr oder weniger chaotisch aufeinander aufreiten usw. und das Wimmern gegenüber einem gemeinsamen Partner zeigen. Der Partner eines wimmernden Aktors ist meistens ein älteres dominantes oder sogar adultes ♂.

Eine evidente Wirkung des Wimmerns fehlt. Es fördert aber bestimmt die positiv-soziale Kontaktbereitschaft beim Partner, denn dieser hält im allgemeinen den Kontakt während des Wimmerns des andern zumindest aufrecht, oft intensiviert er ihn sogar.

Das Spezielle an der Motivation des Wimmerns ist eine extrem positive, spielerische Kontaktbereitschaft, eine „begeisterte Faszination“ gegenüber dem attraktiven, dominanten Partner. Eine sehr ähnliche, aber mehr unterwürfige Motivationskomponente wurde bereits beim Quieken erwähnt.

Ontogenetisch wandelt sich das Wimmern vermutlich nach etwa zwei Jahren langsam ins Stöhnen. Die extrem positive Erregung als Motivationsgrundlage bleibt, aber die spielerische, „faszinierte“ Bezogenheit zu einem dominanten ♂ als Partner geht verloren.

SOZIALE TAKTIK IM AUSDRUCKSVERHALTEN

Bei der Besprechung der einzelnen Ausdrucksleistungen wurde verschiedentlich darauf hingewiesen, daß die Steuerung nicht rein „affektiv“ ist, sondern daß meistens auf Grund von individuellen Erfahrungen die Situation geschickt ausgenützt wird. Dieses Phänomen, das ich als „soziale Taktik“ bezeichne, soll im folgenden etwas genauer dargelegt werden.

Zur Einführung sei eine beispielhafte Beobachtung geschildert: Im Verlaufe eines Streites zweier junger ♂♂ beißt das ältere, größere das jüngere mehrfach rasch. Das jüngere kreischt und verstummt dann langsam, sobald das ältere abläßt. Da taucht Alpha hinter dem jüngeren auf und schaut, was los ist. Das jüngere ♂ erblickt Alpha und beginnt sofort das ältere laut zu verkreischen. Es schaut immer wieder zu Alpha. Das ältere ♂ bedroht das jüngere stumm. Da bedroht Alpha stumm das größere ♂ und nähert sich ihm ein paar Schritte. Jenes blinkt rasch die Zähne und weicht etwas zurück, bedroht aber sofort wieder das jüngere ♂. Dieses geht etwa gleichzeitig vom Verkreischen zum Offensiven Keifen über und nähert sich so etwas dem älteren ♂ . . . Der weitere Verlauf der Auseinandersetzung wird durch das Hinzukommen neuer Ind. sehr kompliziert und interessiert im jetzigen Zusammenhang nicht.

Aus obigem Beispiel sei nun das Verhalten des jüngeren ♂ etwas näher betrachtet. Dieses ♂ ist gebissen worden und verstummt nach einigem Kreischen resigniert. Da erscheint hinter ihm Alpha. Er zeigt keinen speziellen Ausdruck, er schaut nur. Die Aktoren des Streites sind auseinander und schauen einander im Moment gar nicht mehr an, Alpha kann somit nicht erkennen, wer der Gegner des verstummenden Kleinen ist. Der Kleine aber appelliert nun durch Verkreischen an Alpha zur Unterstützung gegen das größere ♂. Als dies etwas Erfolg hat (Alpha äußert eine leichte Aggressivität), steigert das jüngere ♂ zum aggressiveren Keifen und rückt etwas gegen das ältere vor.

Das Aufflammen und Steigern der eigenen Aggressivität beim jüngeren ♂ (zuerst Verkreischen, dann Keifen mit Annäherung) bleibt ohne die Einbeziehung von Erfahrungseinflüssen und einer gewissen Fähigkeit zur „Beurteilung“ der Situation unerklärlich. Das jüngere ♂ „weiß“ aus Erfahrung, daß Alpha den Jüngeren gegenüber den Älteren meistens hilft, besonders wenn sie noch kreischen. Damit der Kleine aber beim Auftauchen Alphas zu verkreischen beginnt, dazu braucht es noch die „Beurteilung“ der neugeschaffenen Situation in ihrer Bedeutung für den Aktor.

Das junge ♂ „beurteilt“ die Situation als günstige Gelegenheit für eine Aggression gegen das ältere ♂, wobei Verkreischen, das zugleich ein intensiver Appell an Alpha zur Unterstützung ist, das geeignete „Ausdrucksmittel“ darstellt. So wird die eben noch sehr geringe, latente Aggressivität stimuliert und führt zu einem „taktischen“, an Intensität die „affektive“ Erregung weit übertreffenden Ausdrucksverhalten. Im weiteren Verlauf der Auseinandersetzung paßt sich der Aktor in gleicher Weise laufend den Situationsänderungen an.

Allgemein sind folgende Punkte charakteristisch für „soziale Taktik“:

1. „Soziale Taktik“ ist das Ergebnis eines zeitlebens andauernden Lernprozesses, welcher nach dem Prinzip von Versuch und Irrtum erfolgt. So

lernt das Ind., welche Ausdrucksform bzw. Modifikation in einer gegebenen Situation zum Erreichen des durch die eigenen Tendenzen angestrebten Zieles am günstigsten ist.

2. Im aktuellen Verhalten wird die sich ändernde Situation laufend neu „beurteilt" auf Grund der „taktischen" Erfahrung, und diese „Beurteilung" stimuliert, hemmt oder modifiziert die bestehenden Tendenzen.

3. Ein Gesichtspunkt, auf den mich SCHENKEL aufmerksam gemacht hat: Die „soziale Taktik" hat auch eine „explorative" Komponente: Durch Variation des eigenen Ausdrucks kann in der Art eines „Ausprobierens" die Reaktionsbereitschaft beim Partner vorsichtig ermittelt und dadurch die günstigste Variante des eigenen Verhaltens ausgelesen werden. Dies ist natürlich jedesmal auch wieder ein Erfahrungsgewinn.

Im folgenden sei ein Überblick über die häufigsten Fälle von „sozialer Taktik" im Ausdrucksverhalten gegeben.

Drohverhalten

Wie früher schon erläutert, umfaßt Hetzen an sich schon einen Appell an andere Ind. zur Unterstützung. Die Erfahrung, bei welchen Ind. und unter welchen Umständen durch Hetzen Hilfe gewonnen werden kann, ermöglicht „taktisch" geschickte „Einsätze" des Hetzens. Durch Blickkontakt, Annäherung und evtl. Präsentieren können bestimmte Ind. gezielt zum Eingreifen aufgefordert werden. Dabei werden vorwiegend solche Ind. ausgewählt, zu denen der Aktor in sehr guter Beziehung steht, oder die allgemein bekannte Protektoren sind, oder die bereits eine gewisse Bereitschaft zum Mitmachen erkennen lassen.

Jetzt seien noch ein paar häufige Spezialfälle geschildert.

Wenn ein Javaneraffe einer Aggression ausgesetzt ist, so beginnt er oft selbst mit einer Aggression gegen ein weiteres, unbeteiligtes Ind. Dabei pflegt er zu hetzen und laut zu grunzen. Die Grundmotivation dazu ist sicherlich Aggressivität im Sinne einer „redirected activity". Dies allein reicht aber nicht aus, denn sonst würde eine direkte Aggression oder eine Drohung resultieren (was auch vorkommt). Gelegentlich mag Unsicherheit maßgebend sein, doch meistens dürfte der Einfluß folgender Erfahrung bestimmend sein: Durch Hetzen wird die auf den Aktor gerichtete Aggression sehr oft auf den neuen Rezeptor übergeleitet und damit vom Aktor abgelenkt. Etwas analytischer: Hetzen stachelt andere Ind. gegen den Rezeptor auf. Sehr oft gelingt es nun auf Grund dieser Wirkung, bereits aggressive Ind. in ihrer Aggression von sich selbst auf andere Ind. abzulenken und so zu eigenen Helfern umzuwandeln. Die ganze „Radfahrer-Reaktion" kann nun auch übertragen ausgelöst werden: Nicht das verfolgte Ind. selbst beginnt zu hetzen und jagen, sondern z. B. dessen Mutter, oder, selten, dessen Sohn oder Bruder. Es sind einige bestimmte Ind., welche gelegentlich diese indirekte Hilfe zeigen.

Auch in der Wahl des Adressaten, auf den abgelenkt wird, zeigt sich oft „taktische" Erfahrung. So lenken z. B. junge ♂♂ Aggressionen von Alpha oder ranghohen ♀♀ regelmäßig auf ältere Außenseiter-♂♂ ab.

Ein typisch „taktisches" Hetzen ist auch der folgende Fall: Nach einer Auseinandersetzung tendiert das inferiore Ind. zum jetzt sitzenden, dominanten ehemaligen Aggressor, evtl. nach „Ablenkungs-Hetzen". Bei der Annäherung, vor allem wenn das dominante Ind. den Aktor noch leicht bedroht, zum Teil aber auch noch, wenn der dominante schon freundlich mimt usw., hetzt das inferiore Ind. gegen irgend einen inferioren Dritten. Sobald das dominante

Ind. auch Aggressivität gegen den letzteren äußert (meist abwechselnd mit Mimen oder dergl. zum Aktor), so nähert sich das hetzende Ind. in der Regel sehr rasch dem dominanten und beginnt es zu pflegen. — Dieses Hetzen fördert beim Dominanten weniger die Aggressivität gegenüber dem Drittind. als die positiv-soziale Kontaktbereitschaft gegenüber dem Aktor, was einander ja nicht ausschließt. Hetzen wird hier auf Grund der Erfahrung als kontaktförderndes Instrument verwendet. Es ist auch kennzeichnend, daß praktisch nie auch nur ein Vorstoß gegen den Dritten unternommen wird. Die Aggressivität ist wohl sehr schwach, jedenfalls viel schwächer als der Ausdruck selbst erwarten ließe.

Öfters zu beobachten ist auch das „loyale" Drohen. Das ranghöchste Ind. einer Sitzgruppe vertreibt, häufig gerade beim sich Anschließen, eines der Gruppenmitglieder, oder es weist mit Drohen einen Ankömmling ab. Nun drohen oft die dem Rezeptor überlegenen Ind. in der Sitzgruppe auch gegen ihn. Dies manchmal selbst dann, wenn sie mit ihm gerade noch einen Pflege-Kontakt unterhalten haben. Man kann dieses Drohen deuten als ausgelöst teils durch Stimmungsübertragung, teils durch das Ausweichen des inferioren Ind. Sicherlich sind dies zwei für die Auslösung oft wichtige Faktoren, aber als noch bedeutender erachte ich die „taktische" Erfahrung: Durch „loyales" Drohen schützt sich der Aktor mit großer Gewißheit davor, selbst vertrieben zu werden. Der „loyal" drohende versichert sich auch beim Dominanten über dessen Intentionen und wiederholt z. B. das Drohen, wenn der Dominante Anstalten trifft, ihn selbst wegzudrängen. Durch Parteinahme und wenn auch „unechte" Stimmungsverbundenheit mit dem Dominanten wird dessen positiv-soziale Kontaktbereitschaft zum Aktor tatsächlich gefördert.

Kreischen, Verkreischen und Offensives Keifen

Da die Schilderung der Ontogenese des Kreischens und Verkreischens zwangsläufig zum „taktischen" Aspekt dieser beiden Lautäußerungen führt, wird diese Ontogenese im nächsten Kapitel zusammenhängend behandelt.

Die „taktische" Steuerung des Offensiven Keifens ist im Prinzip dieselbe wie beim Hetzen. Es ist wohl unnötig, dies weiter auszuführen.

Ignorieren einer Drohung

Dies ist eine auch in der Form erworbene Ausdrucksleistung, welche allein auf Grund „taktischer" Erfahrung auftritt und fast nur bei adulten Ind. zu beobachten ist. Es ist typisch für Außenseiter-Ind., die bei einer Auseinandersetzung damit „rechnen" müssen, daß ihre Gegner Unterstützung erhalten, sie selbst aber nicht. So ignoriert z. B. ein adultes Außenseiter-♂ regelmäßig das Hetzen inferiorer Ind., obwohl es diese ohne Mühe verjagen könnte. Tut es dies aber, so beginnen jene meist intensiv zu keifen und erhalten Hilfe, so daß der Außenseiter in Schwierigkeiten kommt. Durch Ignorieren vermeidet er eine Auseinandersetzung, und dadurch verhütet er auch, daß andere Ind. aufmerksam und gegen ihn aktiv werden.

Derselbe Außenseiter ignoriert oft auch das Hetzen eines bestimmten, schwach überlegenen ♂. Erfahrene, adulte ♀♀ zeigen ab und zu Ignorieren von Bedrohungen seitens dominanter Junger, in Einzelfällen auch seitens dominanter Adulter. In all diesen Fällen, wo die Drohung eines Dominanten ignoriert wird, geschieht dies anstelle von Flucht oder Unterwürfigkeit. Ich vermute, daß in diesen Fällen die positiv-soziale Kontaktbereitschaft fehlt und daß es deshalb nicht zu unterwürfigem Verhalten kommt. Auf der anderen Seite hemmen Trägheit und vor allem die „taktische" Erfahrung, daß ein fliehender Aktor häufig weitere Aggressoren auf sich zieht, die Fluchttendenz.

Die Erfahrung, daß durch Ignorieren nicht nur keine weiteren Gegner mobilisiert werden, sondern daß auch der primäre Aggressor meistens seine Tendenz bald aufgibt, fördert im Lernprozeß immer mehr das Auftreten des Ignorierens.

Es ist übrigens bemerkenswert, daß der schon mehrfach erwähnte Außenseiter nie hetzt oder keift — er ist eben auf sich selbst angewiesen.

Positiv-soziale und unterwürfige Ausdrucksformen

Solche Ausdrucksformen werden oft so geschickt zur Beschwichtigung eingesetzt, daß auch hier Einflüsse von „taktischer" Erfahrung angenommen werden müssen. Der „explorative" Aspekt des taktischen Ausdrucks ist besonders deutlich bei der Kontaktnahme eines Inferioren mit einem Dominanten. So kann sich z. B. ein inferiores ♀ einem dominanten annähern mit ständig variierendem Ausdruck im Bereich vom Schmatzen, Schmatzen mit Zähneblinken und Zähneblinken, bis das dominante ♀ posiert, dann setzt es sich rasch dazu und beginnt es zu pflegen.

Zum Schluß dieses Kapitels sei nochmals die Rede vom Präsentieren. Daß Präsentieren „taktisch" beim Hetzen eingesetzt werden kann, wurde bereits eingehend erläutert. Jetzt soll noch das „eigenständige taktische" Präsentieren kurz besprochen werden.

Am häufigsten bei spielerisch-aggressiver Belästigung durch junge dominante ♂♂, oft auch bei sexuellen Annäherungen dominanter ♂♂ (vor allem Alphas), können ♀♀ präsentieren, obwohl sie im weiteren keinerlei Paarungsbereitschaft zeigen. Im ersten Fall fliehen sie und präsentieren nur, wenn sie eingeholt werden, im zweiten Fall präsentieren sie sehr rasch, weichen dann aber meistens aus, wenn das ♂ zu inspizieren beginnt.

In beiden Fällen kann sich das Ganze unter Umständen mehrmals wiederholen. Die solch „taktischem" Präsentieren zugrundeliegende Erfahrung ist folgende: Durch Präsentieren wird das ♂ von seiner „Aggression" abgelenkt bzw. in seiner sexuellen Tendenz etwas „befriedigt". Wenn das ♀ Präsentieren und Ausweichen geschickt kombiniert, so läßt das ♂ meistens bald von ihm ab.

„Eigenständig taktisches" Präsentieren kann nicht klar vom schon behandelten unterwürfigen Präsentieren abgegrenzt werden, da eines das andere nicht ausschließt.

Wahrscheinlich ist sehr oft „taktische" Erfahrung für die Auslösung von Ausdrucksweisen ein wesentlicher Faktor, doch ist dies im Einzelfall schwer nachzuweisen. Ich hoffe, es sei durch die Behandlung einiger Beispiele wenigstens gelungen zu zeigen, daß es das überhaupt gibt.

BEMERKUNGEN
ZUR ONTOGENESE DES AUSDRUCKSVERHALTENS

Ein neugeborenes Javaneräffchen zeigt an Ausdrucksverhalten nur wenige, angeborene Formen des Unbehagens, nämlich Varianten des Gicksens und Zucken. Ein ausgewachsenes Ind. dagegen verfügt über ein ausgesprochen reiches Ausdrucksinventar, dessen Formen und Auslösungen auch von der Erfahrung mitbestimmt sind. Dazwischen liegt ein weites Feld der Differenzierung und Erweiterung. Bisher wurden bereits einige Formumwandlungen, wie z. B. Flöten zu Möggen, und Einflüsse der Erfahrung auf die Auslösung, wie sie in der „Taktik" deutlich werden, behandelt. Nun sei einerseits am Beispiel des Kreischens und Verkreischens die ontogenetische Differenzierung von Vokalisationen und gleichzeitig das Auftreten der „Taktik" in der individuellen Entwicklung aufgezeigt, anderseits am Beispiel des Imponierens die Ontogenese von weitgehend erlernten Ausdrucksformen etwas analysiert. Allgemein läßt sich sagen, daß die Ausdrucksformen und ihre Auslösungen bei höheren Primaten nur „rahmenhaft" angeboren (Schenkel, 1964) und von Form zu Form in verschiedenem Maße modifizierbar sind.

Die Ontogenese des Kreischens und Verkreischens

Kreischen und Verkreischen differenzieren sich in der Ontogenese aus dem Anhaltenden Gicksen heraus. In den ersten Lebenswochen gickst der Säugling relativ undifferenziert in jeder ihm unangenehmen Situation. Dazu gehören bald einmal auch Situationen, wo das Junge unter sozialem Druck steht, wo also bei Adulten auch Kreischen auftreten würde. Mit drei bis vier Monaten kommt es dann erstmals vor, daß Gicksen in Situationen, bei welchen es bisher immer auftrat, nur noch kurz angedeutet wird oder sogar ausbleibt. Die meisten Säuglinge lernen in diesem Zusammenhang als Erstes, beim Gepacktwerden von Alpha zu schweigen und unter Umständen auch zu pressen. Das Säuglings-Gicksen, welches ja einen Appell an die Mutter darstellt, versagt im allgemeinen seine Wirkung, wenn Alpha der Gegner ist. Auf der andern Seite hält Alpha einen gicksenden und sich sträubenden Säugling intensiver und länger fest als einen stummen pressenden. Diese komplexe Erfahrung bringt den Säugling dazu, das Gicksen zu unterdrücken. Sukzessiv wird die „taktische" Erfahrung bereichert, und schon mit etwa acht Monaten erfolgt das Säuglings-Gicksen sehr differenziert und kontrolliert. Auch dem Verkreischen entsprechende „Einsätze" des Anhaltenden Säuglings-Gicksens kommen dann schon vor. Der Appell richtet sich nun nicht mehr ausschließlich an die Mutter, sondern auch an andere, individuell bekannte Protektoren.

Mit etwa zwei Jahren beginnt sich das Kreischen als Vokalisation vom Gicksen zu unterscheiden. Damit einher geht auch, wie schon dargelegt, die Differenzierung der beiden Lautäußerungen in ihrer Auslösung, Wirkung und Motivation. Das Gicksen verliert die Appellfunktion, und das Kreischen übernimmt sie. Vor allem das aggressiv getönte Verkreischen ist dann bei adulten Ind. ein ausgesprochen „taktisch" eingesetztes Verhalten, bei welchem die sozialen Konstellationen und Beziehungen sehr geschickt ausgenützt werden. Die „taktische" Erfahrung kann das Kreischen und Verkreischen nicht nur hemmen, sondern auch fördern. Aber auch bei einem adulten Ind. tritt, wenn es z. B. überraschend gebissen wird, stets ein kurzes Kreischen oder Gicksen auf.

Das Erlernen von Imponiertechniken in der Ontogenese

Schon früher wurde erwähnt, daß die meisten Imponierformen in der Jugend spielerisch erlernt werden. Besonders ausgeprägt ist dies beim Hin- und Herwiegen, Rotieren, Hopsen, Rütteln und Schaukeln der Fall. Für alle diese Formen außer dem Rotieren kann eine Tendenz zu intensiver, rhythmischer Bewegung als angeborene „selektive Lerndisposition" (GWINNER, 1964) vermutet werden. Aus dieser Grundlage heraus entwickeln sich z. T. durch Imitation, z. T. durch Erfindung, und stets auch vieles Üben im Spiel, die einzelnen Formen. Hopsen, Rütteln und Schaukeln scheinen anfänglich teils imitiert teils selbst entdeckt zu werden. Einzelne Junge beginnen schon im Alter von etwa sechs Monaten spielerisch zu hopsen. Solch frühes Hopsen ist zeitlich und räumlich ohne Beziehung zum Hopsen anderer Ind. Daher nehme ich an, daß es selbst entdeckt wurde. Im Alter von ein bis zwei Jahren beginnen dann die meisten ♂♂ im Spiel zu hopsen, jetzt vorwiegend auf dem Felsgipfel wie Alpha und oft miteinander. Individuen, die jetzt erstmals hopsen, imitieren wohl. Bei allen wird das Hopsen dann durch die „Vorführungen" Alphas und von Spielkameraden weiter stimuliert. Kennzeichnend ist auch, daß sich die Auslösung immer mehr derjenigen Alphas angleicht. Alpha scheint überhaupt das wichtigste Vorbild für Imponiertechniken zu sein: Der Vorgänger des heutigen Alpha zeigte z. B. häufig Hin- und Herwiegen. Damals war diese Imponierform auch bei den meisten jüngeren ♂♂ zu beobachten. Der neue Alpha zeigte diese Form nie, doch einige andere ♂♂ taten dies noch. Die jungen ♂♂ lernten nun aber das Hin- und Herwiegen nicht mehr, obwohl noch jahrelang ältere ♂♂ in der Gruppe lebten, die es ausführten. Da der Alpha und auch einige andere ♂♂ der Rapperswiler Gruppe „Schüler" des früheren Basler Alpha waren, hat sich das Hin- und Herwiegen dort erhalten. Es bleibt allerdings abzuwarten, ob es die Jungen dort auch lernen werden. Jedenfalls ist die Möglichkeit einer Traditionsbildung durch Imitieren offensichtlich.

In der Mülhauser Gruppe fehlen sowohl Hopsen als auch Hin- und Herwiegen. „Dafür" zeigt dort Alpha als einziger mir bekannter Javaneraffe das Federnde Gehen.

Das Rotieren ist eine „Erfindung" des Alpha-♀ der Basler Gruppe. Außer ihm zeigen es nur ihre Nachkommen im Spiel. Ein dreijähriges ♂ entdeckte 1965 eine effektvolle, neue Imponierform: Anspringen eines Blechschiebers, so daß es laut knallt. Weniger effektvoll zeigten es bald ab und zu auch Ind., die noch jünger als der Erfinder waren. Nie aber versuchte ein älteres Ind. diese Technik (soweit ich es sah). Innerhalb eines Jahres etwa verlor sich diese Form wieder weitgehend. Heute springen nur noch manchmal spielerisch Junge an diesen Schieber, und meistens scheint dies zufällig zu sein. Jedenfalls knallt es nie mehr richtig.

Rütteln und Schaukeln werden ausgiebig eingeübt und perfektioniert. Beim Rütteln geht es vor allem darum, diejenigen Ansatzstellen zu finden, die den größten Lärm abgeben. Dabei wird überall probiert. Ich beobachtete z. B. einmal, wie Alpha tatsächlich versuchte, an einem Felsen zu rütteln. Beim Schaukeln muß vor allem das Anpassen der Bewegungen an die Eigen-Schwingung des jeweiligen Astes erlernt werden, was offensichtlich den meisten Ind. Mühe macht.

Zusammenfassung

Auf Grund mehrjähriger Gefangenschaftsbeobachtungen an Javaneraffen (*Macaca fascicularis* Raffles 1821) wird ein Überblick über das Ausdrucksverhalten der Art gegeben.

Dieses erweist sich als ein außerordentlich komplexes System, welches nicht nur auf wenigen Grundprinzipien aufgebaut ist. Sowohl Form, als auch Auslösung, Funktion und Motivation sind sehr reichhaltig und stehen untereinander in mannigfachen Beziehungen.

Es werden 76 Ausdrucksleistungen, bestehend aus insgesamt 104 Elementen, im einzelnen beschrieben und qualitativ analysiert. Dabei sind, soweit es der Platz erlaubt, auch individuelle Unterschiede berücksichtigt.

Beim Drohverhalten (Ausdrucksformen der Aggressivität) werden zwei Gruppen unterschieden:

1. Selbständiges Drohen, als „Drohen“ und Verwandtes beschrieben.

2. Unsicheres Drohen oder Drohen mit Appell an andere Individuen um Unterstützung, als „Hetzen“ und Verwandtes beschrieben.

Die beiden Gruppen sind formal deutlich verschieden.

Die verschiedenen Formen des Imponierverhaltens dienen vorwiegend der Demonstration der Dominanz und sind formal in den meisten Fällen erlernt.

Das Kreischen wird nicht nur als Äußerung der Furcht gedeutet, sondern auch als ein Appell an andere Individuen zur Hilfeleistung. Beim Verkreischen kommt noch eine deutlich aggressive Komponente dazu.

Das Pflegen („grooming“) tritt in sieben verschiedenen Zusammenhängen auf, und seine wichtigste Funktion dürfte die Aufnahme eines positiv-sozialen Kontaktes und dessen Aufrechterhaltung sein. Dies fördert bzw. erhält die Vertrautheit unter den Gruppenmitgliedern und damit deren Zusammenhalt. Dementsprechend ist die häufigste Motivation des Pflegens die positiv-soziale Kontaktbereitschaft. Es existieren noch verschiedene andere Ausdrucksformen der positiv-sozialen Kontaktbereitschaft, worunter „Schmatzen“ die bekannteste ist.

Die Unterwürfigkeit wird interpretiert als Kombination von Furcht und positiv-sozialer Kontaktbereitschaft.

Im Kapitel „Soziale Taktik im Ausdrucksverhalten“ wird versucht zu zeigen, daß das Ausdrucksverhalten unter Umständen auf Grund der Erfahrung geschickt zum Vorteil des Aktors gesteuert wird.

In den Bemerkungen zur Ontogenese des Ausdrucksverhaltens wird unter anderem die Möglichkeit der Traditionsbildung durch Imitation aufgezeigt.

Summary

The Communicative Behaviour of the Crab-eating Monkey

This report presents a communication-repertoire of the crab-eating monkey (*Macaca fascicularis,* Raffles, 1821), based on observations of captive groups during six years. This repertoire turns out to be an extremely complex system, which cannot be derived from a few fundamental principles only. Rather, patterns, functions, releasing situations and motivations show a great variety and pervade each other in many ways.

76 communication patterns, consisting of 104 behavioural elements, are described and qualitatively analized. Where space permits it, individual variations are given.

Within the class of threat ("expression of aggressiveness") two groups of patterns are distinguished:

1. Self-reliant threat, termed as "threat and related patterns".

2. Uncertain threat, or threat containing an appeal for support from other individuals, described as "inciting and related patterns".

These two categories are formally distinct.

The particular, finished forms of dominance displays are clearly learned.

Screaming is considered to be not only an expression of fear, but also a call for help from other individuals. Directed screaming at an opponent contains additionally a component of aggressiveness.

Social grooming is observed in seven different contexts. Its main function is probably that of initiating and maintaining a positive-social contact. It furthers and maintains the familiarity and cohesiveness among the group members. The typical motivation of grooming is the specific "familiarizing tendency" (positiv-soziale Kontaktbereitschaft). There are various other expressions of this "familiarizing tendency", among which lipsmacking is the best known example.

Submissiveness is considered to be a combination of fear and the "familiarizing tendency".

In the chapter "Social tactics in communication" I have tried to show that communication is often controlled and skillfully directed to the advantage of the acting individual, and that such skills are based on experience.

The ontogeny of communication demonstrates how tradition can emerge by imitation.

Danksagungen

Größter Dank gebührt meinem Lehrer, Herrn Prof. Dr. Rudolf Schenkel, der das Entstehen der vorliegenden Dissertation leitete und mannigfach inspirierte.

Vielmals danken für seine Hilfe möchte ich auch Herrn Prof. Dr. Adolf Portmann. Zu großem Dank verpflichtet bin ich weiter der Direktion und dem Personal des Zoologischen Gartens Basel, vorab dem Direktor, Herrn Prof. Dr. Ernst M. Lang — ohne dessen verständige Hilfe hätte diese Arbeit gar nicht durchgeführt werden können. Namentlich danken möchte ich auch seinem wissenschaftlichen Assistenten, Herrn Dr. Hans Wackernagel, und nicht zuletzt dem Affenwärter, Herrn Maximilian Giuliani, welcher mich unterstützte, wo immer er konnte.

Großen Dank schulde ich weiter dem ehemaligen Direktor des Kinderzoos Rapperswil, Herrn Josef Hack, und seinem Nachfolger, Herrn Dr. Heinz Müller, wie auch dem Direktor des Zoologischen Gartens Mülhausen, Herrn Dr. Pierre Gutknecht, welche mir alle zur Arbeit in ihren Gärten in jeder Weise entgegenkamen.

Für mancherlei Hilfeleistungen technischer Art bin ich weiter zu Dank verpflichtet: Herrn Prof. Dr. Rudolf Geigy, Herrn Prof. Dr. Thierry Freyvogel, Frau Dr. Adelheid Studer-Thiersch und Herrn Dr. Paul Ingold.

Für ihre immerwährende Hilfe danke ich ganz herzlich meinen Eltern.

Schließlich sei auch dem Erzieherdepartement des Kantons Basel-Stadt für die Gewährung eines Stipendiums gebührend gedankt.

Alphabetisches Nachschlageverzeichnis der Ausdruckselemente

Ängstliches Schwanzaufrichten: Schwanz aufrichten und aufrechthalten, evtl. mit Vornüberbiegen.

Angedeutetes Wegzerren: Den Rezeptor mit einer Hand im Fell packen und etwas an ihm zerren.

Anhaltendes Gicksen: Anhaltende Äußerung eines „iii-". Die Kiefer sind dabei geöffnet.

Anhaltendes Säuglings-Gicksen: Anhaltende Äußerung eines hohen „i"-Lautes. Dieser wird meistens, vor allem in der Tonhöhe, variiert und am Ende „verzogen", etwa „iiiijj-" oder „iiijjt" oder „iiijjäh". Der Laut wird allgemein rhythmisch wiederholt.

An-sich-Pressen: An-sich-Pressen eines Jungen mit den Armen. Das Junge ist meistens an den Bauch des Aktors angeklammert.

Aufreiten unter ♂♂: Ein ♂ reitet auf ein anderes auf. Formal wie beim Begatten eines ♀.

Augenschließen beim Gähnen: Schließen der Augen kurz bevor der Mund maximal geöffnet ist. Beim Schließen des Mundes werden die Augen wieder geöffnet.

Ausführung von Beckenstößen (beim Aufreiten unter ♂♂): Rhythmisches Stoßen mit dem Becken. Wie beim Begatten eines ♀, aber es kommt nie zur Ejakulation.

Beinfassen: Das ♀ faßt während der Paarung mit einer Hand das ♂ an einem Unterschenkel, meistens nahe beim Knie.

Blick nach Unterstützung: Blicken zu einem Ind., von dem Aggression gegen den Rezeptor erwartet wird.

Blockieren: Durch Hinhalten einer Hand dem pflegenden Partner das Weiterarbeiten an einer schmerzenden Stelle verwehren.

Bodenschlag: Eine Hand oder beide Hände werden mit einem Ruck vom Boden abgehoben und schlagartig ungefähr am alten Ort wieder aufgesetzt.

Brauenheben: Hochziehen der Augenbrauen und damit Vorzeigen des weißlichen Feldes zwischen Auge und Augenbraue.

Doppelgrunzen: Zwei, meistens kurze, aufeinanderfolgende Grunzer. Der erste ist ein normales Hetzgrunzen, der zweite entsteht durch Weitergrunzen beim Atemholen. Manchmal wird eine ganze Serie von Doppelgrunzern aneinandergehängt.

Drohgrunzen: Stimmhaftes „rrr" von meist etwa einer halben Sekunde Dauer. Die Mundspalte ist dabei nur schwach geöffnet.

Einknicken: Arme und Beine sprungbereit flexieren.

Erstarren: Aus einer Beschäftigung heraus steif stillehalten.

Federndes Gehen: Schwungvolles Gehen in strengem Diagonalschritt, so daß der ganze Körper bei jedem Schritt elastisch auf- und abwiegt.

Fellsträuben: Sträuben des Felles im Nacken und in der Schulterregion, evtl. am ganzen Körper.

Fixieren: Meist ruckartiges, optisches Fixieren des Adressaten. Das Gesicht wird ihm frontal zugewandt, und wenn immer möglich wird ihm in die Augen geschaut.

Flöten (von Jungen): Mit vorgestülpten Lippen äußern eines Flötentones, etwa „müh-". Wird ziemlich unregelmäßig wiederholt.

Fortrennen und sich Drücken (von Jungen): Mit rundem Rücken und Kopf tief fortrennen und sich in eine Nische oder an einen Gegenstand schmiegen.

Gähnen (ritualisiertes): Mund kurz maximal aufsperren und wieder schließen. Beim Aufsperren werden die Zähne völlig entblößt.

Genitalien-Befingern (unter ♂♂): Mit den Händen herummanipulieren an den Genitalien eines Partners.

Genitalien-Darbieten (unter ♂♂): Im Sitzen, evtl. Liegen (gegenüber einem Partner), die Beine spreizen, so daß die Genitalien freiliegen.

Halbstehend Posieren: Vor dem Rezeptor stehen mit Becken hoch (Beine ziemlich oder ganz gestreckt), Brust und Kinn am Boden (Arme völlig eingeknickt), und warten, bis der Rezeptor zu pflegen beginnt, bzw. stillhalten, während dieser pflegt.

Hand-nach-hinten-Halten: Eine Hand ganz nach hinten strecken. Die Hand berührt das Analfeld oder den Beinansatz.

Hetzjagen: Mit Hetzmimik Vorstoßen und Verfolgen ohne Versuch, den Rezeptor zu fangen.

Hin- und Herwiegen: Mit dem Vorderkörper Hin- und Herwiegen, zumindest die Füße bleiben am Boden.
Hochgehen: Der Aktor erhebt sich mitsamt dem Jungen am Bauch, so daß er nur noch auf den Füßen steht. Der Vorderkörper ist vornübergebeugt, die Beine sind flexiert.
Hopsen: Rhythmisch senkrecht in die Luft hüpfen an Ort.

Imponierbegatten: Wenig intensives, demonstratives Begatten.
Imponierendes Schwanzaufrichten: Initiatives Aufrichten des Schwanzes, oft mit Vornüberbiegen.
Imponierjagen: Verfolgen eines ♀, alternierend mit Imponierendem Anvisieren.
Imponierspringen: Großer Sprung mit harter Landung.

Keifen: Eine Skala von Vokalisationen zwischen Kreischen und Grunzen, wobei der Vokalanteil aber oft mehr „ä"-artig klingt.
Keifwarnen: Äußern von Lauten zwischen Keifen und Warngrunzen.
Klopfen: Mit der Pickhand hörbar, flach auf die in Durchsuchung befindliche Stelle schlagen.
Knarren: Äußern von rauhen, langgezogenen Lauten wie „chrüh-", „chröh-" und „chäch".
Knattern: Staccato-Grunzen, etwa „ak-ak-ak . . .", mit etwa 5 Einzellauten pro Sekunde. Der Oberkörper vibriert dabei sichtbar.
Kreischen: Rauhes Schreien, etwa „chii-", Mund ziemlich weit offen, Zähne entblößt.
Kurzes Gicksen: Äußerung eines kurzen „ki" bis „kjü" oder „kä". Die Kiefer sind dabei leicht geöffnet.
Kurzes Säuglings-Gicksen: Kurzes Gicksen in höchster Stimmlage, etwa „zii" bis „dzjjit".

Leeres Schlagen: Mit der Pickhand nach unten ins Leere schlagen.
Lidsenken: Senken der Augenlider, so daß das weißliche Feld von den Augenbrauen bis über die Augen hinunter vergrößert wird. Die Augen bleiben etwa halboffen.
Liegend Posieren: Vor dem Rezeptor liegen und warten, bis dieser zu pflegen beginnt, bzw. stillhalten, während dieser pflegt.

Möggen: Äußern eines „möh-". Die Lippen sind dabei etwas vorgestülpt.
Mundaufreißen: Weites Öffnen des Mundes, die Zähne werden dabei entblößt.
Mundaufsperren: Der Mund wird aufgesperrt, die Lippenmuskulatur erscheint schlaff, denn die Zähne sind entsprechend dem Grad der Mundöffnung verdeckt oder leicht entblößt.
Mundberiechen: Die Nasenöffnungen möglichst nahe an den Mund des Rezeptors halten.
Mundspitzen: Leichtes Vorziehen der Lippen.

Ohrenanlegen: Die Ohren werden an den Kopf gepreßt.
Ohrenspreizen: Die Ohren werden abgespreizt.

Paarungsgrunzen: Rasche Serie von abgehackten Grunzlauten, etwa „kököökö". Der Mund ist leicht geöffnet, etwa wie beim Drohgrunzen.
Perineumfassen: Mit einer Hand das Scrotum-ähnliche Perineum anfassen.
Pflegen: Dem Rezeptor Fell und Haut durchsuchen und Partikel daraus fressen. Meist streicht eine Hand (Streichhand) durchs Fell, während die andere (Pickhand) die Partikel aufnimmt und zum Mund führt oder die Haare so hält, daß die Partikel mit der Zunge bzw. den Lippen abgelesen werden können. Oft arbeitet die Pickhand auch alleine.
Polterstop: Bremsen mit Stampfen, so daß es poltert (auf Brettern).
Präsentieren: Im Stehen dem Rezeptor den Hinterteil zugewendet halten.
Präsentierendes Schwanzaufrichten: Schwanzaufrichten beim Präsentieren.
Pressen: Mit angezogenen Gliedmaßen steif, flach bäuchlings am Boden liegen.

Quieken: Äußern eines Lautes zwischen „kjü" und „chjiii-".

Rotieren: Sich schwungvoll am Ort um die eigene Körperachse drehen.
Ruckeln: Beim Zusammensitzen mit andern Ind. mit dem Oberkörper etwas auf- und ab-, evtl. auch vor- und zurückwiegen.
Rückwärts Heranrücken: Sich nahe zu einem sitzenden ♀ setzen und dann rückwärts an es heranrücken, bis es kräftig angestoßen wird.
Ruhiges Grunzen: Kurzes, sanftes Grunzen mit ruhig rollendem „r". Der Mund wird dabei leicht hochgeworfen.
Rutschstop: Plötzlicher Stop aus dem Rennen heraus, mit Rutschen in steifer Haltung.
Rütteln: Mit einer (selten), zwei oder vier Extremitäten etwas festhalten und daran rütteln.

Schaukeln: Sich mit allen Vieren an einem Ast festhalten und aktiv darauf schaukeln.
Scheinangriff: „Symbolischer" Angriff, ohne Versuch, den Rezeptor zu fangen, beendet durch plötzlichen Stop, oft Imponierstop.
Schlagen nach dem Rezeptor: Mit einer Hand wird rasch nach dem Rezeptor geschlagen oder gelangt.

Schmatzen: Bei spitzem Mund rhythmisches Öffnen und Schließen der Lippen. Der Unterkiefer bewegt sich mit, und das Loslösen der Zunge vom Gaumen bewirkt jedesmal einen Schmatzlaut. Die Zungenspitze kann bei offenen Lippen jeweils rasch erscheinen, die Zähne aber bleiben unsichtbar.

Schrei: Rauher, dem Keifen nahestehender, aber kurzer Schrei, z. B. „chä".

Schrilles Warnen: Äußern eines schrillen „kriä". Der Mund wird dabei geöffnet, und die Zähne werden leicht entblößt.

Schubweises Vorrücken: Vormarschieren in Richtung des Rezeptors oder schräg an ihm vorbei. Nach einem oder wenigen gespannten Schritten wird jeweils plötzlich gestoppt. Das Ganze wird meistens mehrfach wiederholt.

Schwanzheben: Mit einer Hand den Schwanz des Rezeptors etwas anheben oder ihn zumindest von unten her berühren.

Schwanzpeitschen: Hin- und herschlagen des Schwanzes.

Schwanzstrecken: Den Schwanz etwa waagrecht ausgestreckt halten.

Sich-Ducken: Tiefgehen des ganzen Körpers, im Extremfall wie beim Pressen.

Sich-Schütteln: Den ganzen Körper hin- und herwerfen. Hände und Füße behalten aber das Klammern bei.

Sitzend Posieren: Vor dem Rezeptor sitzen und warten, bis dieser zu pflegen beginnt, bzw. stillhalten, während dieser pflegt.

Spielerisches Mundaufsperren: Mundaufsperren mit leichtem Entblößen der Zähne.

Spiel-Kurzgrunzen: Äußern eines zarten, kurzen „ür".

Sprungintention: Auf Ästen und Kanten wird eine ritualisierte Abspringstellung mit vorne extrem tiefer Haltung eingenommen.

Stampfen: Mit den Beinen oder, seltener, mit den Armen rhythmisch auf- und abspringen.

Stehend Posieren: Vor dem Rezeptor stehen und warten, bis dieser zu pflegen beginnt, bzw. stillhalten, während dieser pflegt.

Stöhnen: Stimmhaftes Grunzen fast ohne „r", etwa „öh-". Der Mund ist leicht offen, die Lippen sind etwas vorgestülpt.

Stop mit Hopser: Plötzlicher Stop gefolgt von einem Hopser an Ort.

Stop mit Rütteln: Plötzlicher Stop gefolgt von Rütteln an der Unterlage.

Stoßwarnen: Äußern eines einzelnen „choh" bis „ghrüh".

Straffen der Gliedmaßen: Sich im Stehen durch maximales Strecken der Gliedmaßen groß machen.

Stupfen: Den Rezeptor mit einer Hand stupfen.

Umarmen (ritualisiertes): Umfassen des Rezeptors mit beiden Armen, oder evtl. nur mit einem Arm. Die Hände greifen meistens ins Fell.

Umherrucken: Das Junge ist nicht angeklammert, sondern frei. Es ruckt mit wilden Zuckungen umher, was aussieht wie ein unkoordiniertes Sich Schütteln.

Vorschnellen des Oberkörpers: Der Oberkörper schnellt vor und wird meist ziemlich tief von den weit auseinander aufsetzenden Händen, seltener nur mit einer Hand, aufgefangen.

Vorstrecken des Kopfes: Der Kopf wird in Richtung des Rezeptors vorgestreckt und meistens mehr oder weniger tiefgehalten.

Vulvaberiechen: Nasen-Mund-Region der Vulva eines ♀ nähern und sie beriechen. Der Mund kann die Vulva, speziell die Vaginalöffnung, kurz berühren.

Warngrunzen: Äußern eines „harten" Grunztones, etwa „krör".

Wegblicken: Der Blick wird streng vom hetzenden (seltener drohenden, offensiv keifenden oder verkreischenden) Ind. abgewendet.

Wimmern: Mit zugespitztem Mund äußern eines fast stimmlosen, anhaltenden Gewimmers, etwa „mmh-".

Zähneblinken: Durch Zurückziehen der Mundwinkel und Lippen werden die Zähne entblößt. Die Kiefer bleiben ganz oder fast geschlossen.

Zucken: Zucken mit Rumpf und Kopf, oft auch mit Extremitäten. Oft mehrmals rasch nacheinander.

Züngeln: Beim Schmatzen die Zunge rhythmisch und deutlich herausstrecken.

Zurückziehen der Kopfhaut: Die ganze Haut über den Gehirnschädel nach hinten ziehen. Die Augenbrauen werden nicht nur wie beim Brauenheben am Brauenwulst hochgezogen, sondern noch weiter bis auf die Stirn zurückgezogen.

Zweisilbiges Grunzen: Extrem lautes, zweisilbiges Grunzen. Ausatmend erster Grunzton, dabei wird der Kopf hochgeworfen, und die Augenbrauen werden etwas gehoben. Beim darauffolgenden Einatmen zweiter Grunzton, dabei wird der Kopf wieder gesenkt. Die beiden Grunzer werden hart aufeinanderfolgend produziert, so daß ein einziger, zweisilbiger Ruf entsteht. Dieser wird rhythmisch wiederholt.

Literaturverzeichnis

Andrew, R. J., 1963: The origin and evolution of the calls and facial expressions of the primates. Behaviour *20,* 1—109. • Bastock, M., D. Morris und M. Moynihan, 1954: Some comments on conflict and thwarting in animals. Behaviour *6,* 66—89. • Chance, M. R. A., 1962: An interpretation of some agonistic postures: The role of "cut-off" acts and postures. Symp. Zool. Soc. Lond. *8,* 71—89. • Darwin, Ch., 1872: The expression of the emotions in man and animals. The Thinker's Library, No. 47, Watts, London 1948. • Eibl-Eibesfeldt, I., 1956: Einige Bemerkungen über den Ursprung von Ausdrucksbewegungen bei Säugetieren. Z. Säugetierkde. *21,* 29—38. • Eibl-Eibesfeldt, I., 1957: Ausdrucksformen der Säugetiere. In: Hb. Zoologie, Bd. 8, 10 (6), Walter de Gruyter, Berlin, 1—26. • Ewing, H. E., 1935: Sham louse picking, or grooming, among monkeys. J. Mammol. *16,* 303—306. • Fady, J.-C., und B. Will, 1966: Observations préliminaires sur la hiérarchie dans une troupe de *Macaca irus* du jardin zoologique de Mulhouse. Rev. Comportement Animal, 1—23. • Fischer, H., 1965: Das Triumphgeschrei der Graugans. Z. Tierpsychol. *22,* 247—304. • Furuya, Y., 1957: Grooming behavior in wild Japanese Monkeys. Primates *1,* 47—68. English translation in: Japanese Monkeys (S. A. Altmann ed.), Atlanta 1965, 1—29. • Furuya, Y., 1965: Social organization of the crab-eating monkey. Primates *6,* 285—336. • Goustard, M., 1961: La structure sociale d'une colonie de *Macaca irus.* Ann. Sci. Nat. Zool. *12,* 297—322. • Goustard, M., 1963: Introduction à l'étude de la communication vocale chez *Macaca irus.* Ann. Sci. Nat. Zool. *12,* 707—747. • Gwinner, E., 1964: Untersuchungen über das Ausdrucks- und Sozialverhalten des Kolkraben. Z. Tierpsychol. *21,* 657—748. • Hall, K. R. L., und I. De Vore, 1965: Baboon social behavior. In: Primate Behavior (I. de Vore ed.), Holt, Rinehart and Winston, New York etc., 53—110. • Harlow, H. F., und M. K. Harlow, 1962: The effect of rearing conditions on behavior. Bull. of the Menninger Clinic *26,* 213—224. • Hinde, R. A., 1966: Animal behaviour. McGraw-Hill, New York etc. • van Hooff, J. A. R. A. M., 1967: The facial displays of the catarrhine monkeys and apes. In: Primate Ethology (D. Morris ed.). Weidenfeld and Nicolson, London, 7—65. • Imanishi, K., 1963: Social behavior in Japanese Monkeys, *Macaca fuscata.* In: Primate Social Behavior, Van Nostrand, Princeton N. J., 68—81. (C. H. Southwick ed.). • Itani, J., 1959: Paternal care in the wild Japanese Monkey, *Macaca fuscata f.* Primates *2,* 61—93. • Kaufman, I. C., und L. A. Rosenblum, 1966: A behavioral taxonomy for *Macaca nemestrina* und *Macaca radiata:* Based on longitudinal observation of family groups in the laboratory. Primates *7,* 205—258. • Kawai, M., 1958: On the system of social ranks in a natural group of Japanese Monkeys, I. Basic rank and dependent rank. Primates *1,* 111—130. English translation in: Japanese Monkeys (S. A. Altmann ed.), Atlanta 1965, 66—86. • Kummer, H., 1957: Soziales Verhalten einer Mantelpavian-Gruppe. Huber, Bern und Stuttgart. • Lorenz, K., 1951: Ausdrucksbewegungen höherer Tiere. Naturw. *38,* 113—116. • Michael, R. P., und E. B. Keverne, 1968: Pheromones in the communication of sexual status in Primates. Nature *218,* 746—749. • Reynolds, V., 1965: The social behaviour repertoire of Rhesus Monkeys *(Macaca mulatta)* in a captive colony. Unveröff. • Rowell, T. E., und R. A. Hinde, 1962: Vocal communication by the Rhesus Monkey. Proc. Zool. Soc. Lond. *2,* 279—294. • Schenkel, R., 1947: Ausdrucks-Studien an Wölfen. Behaviour *1,* 81—129. • Schenkel, R., 1958: Zur Deutung der Balzleistungen einiger Phasianiden und Tetraoniden. Ornith. Beob. *55,* 65—95. • Schenkel, R., 1964: Zur Ontogenese des Verhaltens bei Gorilla und Mensch. Z. Morph. Anthrop. *54,* 233—259. • Schenkel, R., 1967: Submission: Its features and function in the wolf and dog. Am. Zoologist *7,* 319—329. • Schenkel, R., und L. Schenkel-Hulliger, 1967: On the sociology of free-ranging *Colobus.* In: Neue Ergebnisse der Primatologie (D. Starck, R. Schneider, H.-J. Kuhn ed.). Gustav Fischer, Stuttgart, 185—194. • Schloeth, R., 1956—57: Zur Psychologie der Begegnung zwischen Tieren. Behaviour *10,* 1—80. • Shirek-Ellefson, J., 1967: Visual communication in *Macaca irus.* Unveröffentlichte Dissertation. • Simonds, P. E., 1965: The Bonnet Macaque in South India. In: Primate Behavior (I. de Vore ed.). Holt, Rinehart and Winston, New York etc., 175—196. • Southwick, C. H., M. A. Beg und

M. R. SIDDIQI, 1965: Rhesus Monkeys in North India. In: Primate Behavior (I. DE VORE ed.). Holt, Rinehart and Winston, New York etc., 111—159. • SPARKS, J., 1967: Allogrooming in Primates: a review. In: Primate Ethology (D. MORRIS ed.). Weidenfeld and Nicolson, London, 148—175. • SPIEGEL, A., 1954: Beobachtungen und Untersuchungen an Javamakaken. Zool. Garten *20*, 227—270. • THOMPSON, N. S., 1969: The Motivations underlying social structure in *Macaca irus*. Anim. Behav. *17*, 459—467. • TINBERGEN, N., 1952: Instinktlehre. Parey, Berlin und Hamburg. • TINBERGEN, N., 1959: Comparative studies of the behaviour of gulls (Laridae), A progress report. Behaviour *15*, 1—70. • WICKLER, W., 1967: Socio-sexual signals and their intra-specific imitation among Primates. In: Primate Ethology (D. MORRIS ed.). Weidenfeld and Nicolson, London, 69—136. • YERKES, R. M., 1933: Genetic aspects of grooming, a socially important Primate behavior pattern. J. Soc. Psych. *4*, 3—25. • ZUCKERMAN, S., 1932: The social life of monkeys and apes. Routledge and Kegan Paul, London.

Anschrift des Verfassers: W. ANGST, Zoologische Anstalt der Universität Basel, CH-4051 Basel, Rheinsprung 9, Schweiz.

Sachregister